流体机械设计理论与数值模拟仿真技术研究

何小可　著

中国水利水电出版社
www.waterpub.com.cn

·北京·

内 容 提 要

流体机械广泛应用于当今社会的各个领域，对其展开深入研究，是提升我国通用机械设计与制造水平的前提。本书将在简要阐述流体力学基础理论与流体机械分类的基础上，对现代离心泵设计理论与数值模拟仿真技术展开深入研究。全书内容包括流体力学基础理论概述、流体机械的分类及应用、离心泵的结构与性能分析、现代离心泵设计理论与程序、离心泵核心部件设计、离心泵非稳定状态分析、CFD软件及其应用、离心泵的数值模拟技术、离心泵气液两相流数值模拟仿真、离心泵的维护与评价等。

本书理论结合实际，注重学术性的同时兼顾应用性，可作为流体机械相关专业的本科生阅读，也可供从事离心泵研究、设计、试验及使用的相关专业人员参考。

图书在版编目（ＣＩＰ）数据

流体机械设计理论与数值模拟仿真技术研究 / 何小可著. -- 北京 : 中国水利水电出版社，2020.3（2021.9重印）
ISBN 978-7-5170-8443-3

Ⅰ．①流… Ⅱ．①何… Ⅲ．①流体机械－机械设计－研究②流体机械－数值模拟－研究 Ⅳ．①TK05

中国版本图书馆CIP数据核字(2020)第034730号

责任编辑：陈 洁　　　　封面设计：邓利辉

书　名	流体机械设计理论与数值模拟仿真技术研究 LIUTI JIXIE SHEJI LILUN YU SHUZHI MONI FANGZHEN JISHU YANJIU
作　者	何小可 著
出版发行	中国水利水电出版社 （北京市海淀区玉渊潭南路1号D座　100038） 网址：www. waterpub. com. cn E-mail：mchannel@ 263. net(万水) 　　　　sales@ waterpub. com. cn 电话：（010）68367658(营销中心)、82562819(万水)
经　售	全国各地新华书店和相关出版物销售网点
排　版	北京万水电子信息有限公司
印　刷	三河市元兴印务有限公司
规　格	170mm×240mm　16开本　14.25印张　254千字
版　次	2020年6月第1版　2021年9月第2次印刷
印　数	0001—3000册
定　价	65.00元

前　言

　　流体机械是指以流体为工质进行能量转换的机械，它主要分为原动机和工作机两部分，所用能源主要是煤炭和水能。根据结构的不同，流体机械主要分为往复式和旋转式两种。离心泵作为一种通用流体机械，已被广泛应用于多个领域，如动力发电、石油化工、冶金、采矿、农业灌溉等，对国民生产、生活具有十分重要的意义。在实际生产中，由于各种条件的限制，离心泵的生产、设计多以数值模拟进行，精确地设计和使用离心泵不仅影响着生产效率，也影响着离心泵的使用寿命。

　　本书主要就流体机械（离心泵）的设计理论和数值模拟技术进行深入研究，内容共分为9章：第1章主要讨论流体力学的基础理论，从流体及其物理性质入手逐渐深入到对流体静力学、流体动力学以及流体能量损失的研究；第2章紧扣生产实践，对几种生活中常见的流体机械类型进行论述；第3章转为对通用流体机械——离心泵的论述，从离心泵的工作原理入手，导出离心泵的性能曲线，并深入研究其在管路中的工作原理；第4章、第5章研究离心泵的设计，包括如何设计离心泵的主要部件，如叶轮、吸水室、压水室等；第6章探讨了离心泵的非稳定状态，包括动静干涉、回流、黏性尾流等；第7章讨论常用的计算流体力学软件（CFD软件）及其具体应用；第8章对离心泵的数值模拟技术进行讨论；第9章对离心泵的维护等展开讨论。

　　本书逻辑条理清晰，内容系统翔实，章节安排合理、易于理解，注重理论和实践相结合。书中系统地讨论了流体力学和离心泵的理论知识，能为读者提供离心泵的设计理论和数值模拟技术指导，同时该书包含了先进的力学设计方法与生产实例，旨在为研究和生产人员提供新的思路。本书适合高等院校的机械设计专业的本科学生以及离心泵生产、使用单位的相关工作人员参考阅读。

本书在撰写过程中，得到了同领域许多专家学者的指导帮助，在此特向他们表示真诚的感谢。但碍于作者水平有限，加之写作时间仓促，虽经多次修改完善，书中仍然难免有疏漏和不足之处，希望同领域专家学者和广大读者朋友批评指正。

作者

2019 年 12 月

目　录

第 1 章　流体力学基础理论概述

流体是气体和液体的总称，我们在生活中最常接触的流体就是空气和水。随着生产的发展，流体力学应运而生，其主要通过实验研究水静压力、大气压力等力学问题。人类生产中越来越多的技术领域都跟流体力学有关，如机械工业中的润滑、液压传动，水处理与给排水工程中水流的移动规律、水泵的选择等。

1.1　流体及其物理性质

通常情况下，我们所说的流体是指气体和液体，它们不同于固体的特征是具有一定的流动性，流体在力的作用下会发生流动，流体的物理性质决定了流体的运动要素及运动变化规律。流体的流动性是使得流体便于用管道、渠道进行运输，适宜作供热、供冷等工作介质的主要原因。

1.1.1 流体力学

1.1.1.1 流体力学的研究对象

流体力学是主要对流体进行研究的一门学科，该学科属于力学这个大类。流体和固体是物质存在的主要形态。流体不同于固体的一个方面是对外力的抵抗较弱。固体能够抵抗一定程度的压力、拉力和剪切力；流体一般不能抵抗拉力，在静止状态下也不能抵抗剪切力。在一定的剪切力作用下，无论剪切力多小，流体都会发生连续变形，且只有当这个剪切力消失时，流体才能达到静止平衡状态。在流体力学中，人们通常把流体在剪切力作用下发生的连续变形称为流动。

从微观上讲，流体与固体是物质的不同表现形式，它们都有三个物质基本属性：由大量分子组成；分子不停地做热运动；分子与分子之间有分子力的作用。但是，气体、液体与固体的这三个物理属性在质和量上有着明显的差别。同体积情况下，固体分子数目最多，液体次之，气体最少；同分子矩下，固体的分子力大于液体，液体大于气体。因此，气体分子的运动具有较大自由性，液体次之，而固体分子只能进行振动运动。以上宏观和微观上的差异使流体在力学性能上表现为不能承受拉力和在宏观平衡状态下不能承受剪切力两个特点。

人类生活中的多种物质，如空气、水、汽油、酒精等都属于流体。此外，流体还包括作为汽轮机工作介质的水蒸气、润滑油、地下石油、含泥沙的江水、血液、超高压作用下的金属和燃烧后产生成分复杂的气体、高温条件下的等离子体等。流体包括液体和气体两种形态，且力学性质上气体更易被压缩。

流体力学以流体的运动规律和流体相互作用的规律，以及流体流动过程中质量、能量和动量的传输规律为主要研究内容。一方面，流体力学因研究规律的普遍性被视为基础学科；另一方面，流体力学的一般原理与分析方法又被广泛地用来解决各种与流动相关的实际问题，它在许多工程技术领域中有着广泛的应用性，因此流体力学又是一门应用学科。

1.1.1.2 流体力学的发展

同其他学科一样，流体力学的研究也是随着生产力的发展而逐渐完善的。在古代，为了减少洪水和干旱对人类生产和生活的威胁，人们在水利工程方面做出了巨大成就。例如，我国春秋战国时期和秦代，修建了都江堰、郑国渠和灵渠；古埃及和古印度也修建了大量的水利工程。这些事例说明了力学工程是流体力学形成和发展的基础。古希腊哲学家阿基米德（公元前 287—公元前 212）是最早从事水力学研究的学者，他的《论浮体》是最早的水力学著作。正是从那时起，流体力学开始成为一门独立的学科。

公元 15 世纪至 17 世纪，流体力学的研究以实验研究为主，水静压力、大气压力、压力传递和水的切应力等静力学问题得到了准确的实验验证。公元 18 世纪，流体运动规律的系统理论形成并沿着两个研究方向发展。一个是建立在经典力学基础上，运用数学分析的方法，建立流体运动的基本方程。这些方程包括伯努利方程、欧拉方程、纳维-斯托克斯方程、雷诺方程等，由于这些方程的假定可能存在与实际不相符、不易于数学求解等问题而无法被完全应用于实际工程问题的解决中。与此同时，另一个研究方向则以工程实际为基础，从大量的实验和实际观测中总结经验关系式，对这些经验关系式简化后进行数学分析，建立各运动要素间的定量关系，最终形成经验公式用于流体的测量。该研究方向得到了广泛的工程应用，如毕托发明的流速测量的毕托管、文丘里研制的测量有压管路的文丘里管、谢才建立的计算明渠均匀流的谢才公式、曼宁推导的计算谢才系数的曼宁公式等。

19 世纪后，受资本主义的影响，流体力学理论得到广泛实践，流体力学得到空前发展。这个时期，流体力学有两个主要发展途径：一是古典流体力学；二是运用实验的手段模拟并解决实际工程问题。

20 世纪初，普朗克学派将 N-S 方程（纳维—斯托克斯方程）进行了简化，从推理、数学论证和实验测量等各个角度，建立了边界层理论。这一理论既明确了理想流体的适用范围，又能计算实际流体运动时的摩擦阻力。

1.1.1.3 流体力学应用领域及研究方法

从古至今，人类生产实践中越来越多的领域与流体力学有关，流体力学理论得到广泛应用。流体力学研究所采用的主要手段有理论分析、实验研究和数值计算，其中理论分析是应用物理基本定律建立方程，通过数学分析找出各种流动状态下相关参数之间的依赖关系。实验研究是通过观察和测量风洞、水槽、管道等专业实验设备上发生的流动现象，找出相关的流动规律。数值计算是使用计算机对流动现象进行数值模拟。正确的理论分析结果可以揭示流体运动的本质特性和规律，具有普遍的适用性；实验结果能够反映真实的流动规律，发现新的物理现象，检验理论分析和数值模拟的结果；数值计算则能够求解复杂的流动问题，能够模拟多种工况，比实验经济、省时。流体力学的研究和发展离不开这三种研究手段的相互联系、相互作用。

1.1.2 流体质点的概念及连续介质假说

1.1.2.1 流体质点的概念

流体质点是指含有大量分子并能保持其宏观力学特性的一个微小体积，可以认为组成流体的最小物理实体是流体质点，而不是流体分子。现以密度为例说明如下。

在流体中任意取一体积为 ΔV 的微元，其质量为 Δm，则其密度可表示为

$$\rho_m = \lim_{\Delta V \to 0} \frac{\Delta m}{\Delta V} \tag{1-1}$$

$\Delta V \to 0$ 不能理解为数学上的趋近于零，只能理解为一个很小的值（微小体积）。在标准状态下，$1\mathrm{mm}^3$ 中含有 2.7×10^{16} 个空气分子，或含有 3.4×10^{19} 个水分子。例如，$10^{-6}\,\mathrm{mm}^3$（一粒灰尘）的体积，比工程中常见的物体

小得多，但仍由大量的分子组成。这种宏观上足够小、微观上足够大的微小体积就称为流体质点。

因此，对于一般工程问题，完全可将流体视为由连续分布的质点所组成，而流体质点的物理性质及其运动参量就作为研究流体整体运动的出发点，并由此建立起流体的连续介质模型。

如图 1-1 所示，在流体中一点 $A(x,y,z)$ 处的流体微团 ΔV ，当 $\Delta V \to 0$ 时，这个流体微团趋于点 A ，该点为流体质点。通常情况下，流体质点被看成空间上的一个点，体积趋于零，但不等于零。

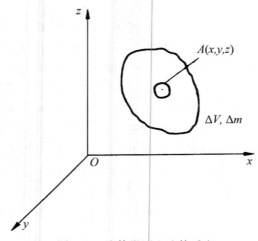

图 1-1　流体微团和流体质点

1.1.2.2 连续介质假说

为了方便研究，人们假定流体质点是组成流体的最小物理实体，这就意味着数量众多、紧密相连、相互之间没有间隙的连续介质组成了流体。基于这种连续介质假设，流体的物理参数，如压强、质点速度、密度、温度等都是连续分布的变量。把流体当作由质点（或者微团）组成的连续介质，也就是所谓的连续介质模型或者连续介质假设。提出连续介质模型，就是为了用连续函数来描述流体中的物理参数，从而在流体力学中可以使用微积分等数学工具。

在流体连续介质假设中，流体质点的一切物理量必然都是坐标与时间 (x, y, z, t) 变量的单值、连续、可微函数，从而形成各种物理量的标量场和矢量场，这样就可以顺利地用连续函数和场论等数学工具研究流体运动和平衡问题，这就是连续介质假定的重要作用。

1.1.3 流体的物理性质

1.1.3.1 流体的密度、比体积和相对密度

单位体积流体所具有的质量称为流体的密度，用 ρ 表示。均质流体的密度可表示为

$$\rho = \frac{M}{V} \qquad (1-2)$$

其中，ρ 代表流体的密度，单位为 kg/m^3；M 代表流体的质量，单位为 kg；V 代表流体的体积，单位为 m^3。

流体的种类、压强、温度等因素都会对流体密度产生影响。值得注意的是，液体因密度受外因影响较小而被视为常数。例如，通常取水的密度为 $1000kg/m^3$，水银的密度为 $13600kg/m^3$，油的密度为 $800 \sim 900kg/m^3$。

流体密度的倒数称为流体的比体积，即单位质量流体所具有的体积，用 v 表示，单位为 m^3/kg。例如，水的比体积为 $0.001\ m^3/kg$，水银的比体积为 $7.4 \times 10^5 m^3/kg$。流体的比体积可以用如下公式表示

$$v = \frac{1}{\rho} \qquad (1-3)$$

某一液体的密度 ρ 与温度为 4℃ 的蒸馏水的密度 ρ_w 的比值称为相对密度。例如，水的相对密度为 1，水银的相对密度为 13.6。对于非均质的流体，如图 1-1 所示，围绕 A 点取流体微团 ΔV，其质量为 Δm。当 $\Delta V \rightarrow 0$ 时，A 点处的密度为

$$\rho = \lim_{\Delta V \to 0} \frac{\Delta m}{\Delta V} = \frac{\mathrm{d}m}{\mathrm{d}V} \qquad (1-4)$$

1.1.3.2 流体的压缩性和膨胀性

流体具有压缩性和膨胀性，下面对两种性质展开简要讨论。

（1）压缩性。如果温度不变，流体体积随所受压力增大而减小的性质称为流体的压缩性。流体的压缩性一般用压缩系数 β_p 来表示，即

$$\beta_p = -\frac{1}{V}\frac{\mathrm{d}V}{\mathrm{d}P} \qquad (1-5)$$

其中，$\mathrm{d}V$ 代表体积增量，单位为 m^3；$\mathrm{d}P$ 代表压力增量，单位为 Pa。由于当 $\mathrm{d}P$ 为正值时，$\mathrm{d}V$ 必为负值，故上式右端加负号，使之为正值。

【例1-1】 向厚壁容器中注入$0.5\mathrm{m}^3$的水，假定其初始压力为$2\times10^6\mathrm{Pa}$，那么将其压力增至$6\times10^6\mathrm{Pa}$时，水的体积减小了多少？

解：取水的弹性系数$E=2\times10^9\mathrm{Pa}$，由以下公式得

$$\beta_p = -\frac{1}{V}\frac{\mathrm{d}V}{\mathrm{d}P} = -\frac{V_2-V_1}{V(p_2-p_1)} = \frac{V_1-V_2}{V\Delta p} = \frac{1}{E}$$

体积减小量为

$$V_1-V_2 = \frac{V\Delta p}{E} = 10^{-3}\mathrm{m}^3$$

（2）膨胀性。压力一定的情况下，温度升高使流体体积增大的现象即流体的膨胀性，其大小一般用膨胀系数来度量。压力不变时，温度的变化引起的体积相对变化量称为膨胀系数，用β_t表示，即

$$\beta_t = \frac{1}{V}\frac{\mathrm{d}V}{\mathrm{d}t} \tag{1-6}$$

其中，$\mathrm{d}t$为温度的增量；其他符号的意义与压缩性公式中的意义相同。

1.1.3.3 流体的表面张力

当液体与气体或液体与固体有分界面时，即液体出现自由表面，液体的表面存在表面张力，并能引起毛细现象。其具体原理如下所述：

（1）表面张力。液体分子间吸引力的作用范围很小，在$3\sim4$倍平均分子间距为半径的球形范围内，该范围称为影响球。当某分子与自由表面的距离小于影响球半径时，自由表面一侧的气体分子引力远小于另一侧液体分子的引力，不平衡的两侧引力就产生一个拉向液体内部的力，即表面张力。表面张力可能发生在液体与气体的周界面、液体与固体（汞和玻璃）的接触面以及两种不同液体（汞和水）的接触面上。

气体分子因扩散作用的存在而不具有表面张力，即流体的表面张力只存在于液体中。即便是液体，在平面上各点的表面张力处于平衡状态，不会产生附加压力，对研究流体问题无影响，只有在曲面上表面张力才产生附加压力以维持平衡。因此，在具体施工问题中，当出现曲形液体周界面时就需要考虑表面张力的附加压力作用。例如，液体中的气泡、气体中的液滴、液体的自由射流、液体表面和固体壁面相接触等，以上这些情况因存在曲面，因此会有表面张力的附加压力影响，不过这种影响在一般情况下是比较微小的。

表面张力系数σ可用来表示曲面周界线上单位长度表面张力的大小，其单位为$\mathrm{N/m}$。液体的种类和温度影响着表面张力的大小，表面张力随温

度的升高而降低。此外，自由表面上气体的种类也影响着表面张力的大小。

（2）毛细管现象。由于表面张力的作用，如果把两端开口的玻璃细管竖立在液体中，液体就会在细管中上升或下降高度 h，如图 1-2 和图 1-3 所示。在毛细管、微小缝隙中液体上升或下降的现象，称为毛细管现象。毛细管中液体上升或下降的高度取决于液体和固体的性质。

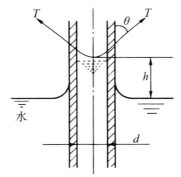

图 1-2　液体水的毛细管现象

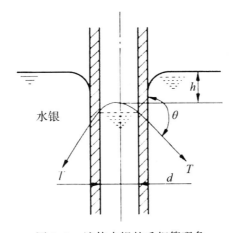

图 1-3　液体水银的毛细管现象

由于重力与表面张力产生的附加压力的铅直分力相平衡，所以

$$\pi r^2 h \rho g = 2\pi r \sigma \cos\theta \qquad (1-7)$$

故

$$h = \frac{2\sigma}{r\rho g}\cos\theta \qquad (1-8)$$

其中，h 表示玻璃管内半径，单位为 m；θ 代表接触角，表示曲面和管壁交接处曲面的切线与管壁的夹角。

如果把玻璃细管竖立在水中,当水温为 20℃ 时,水与玻璃的接触角 $\theta = 3° \sim 9°$,水的表面张力系数 $\sigma = 0.0728\mathrm{N/m}$,则水在管中的上升高度为

$$h = \frac{15}{r} \tag{1-9}$$

如果把玻璃细管竖立在水银中,当水银温度为 20℃ 时,水银与玻璃的接触角 $\theta = 139° \sim 140°$,水银的表面张力系数 $\sigma = 0.51\mathrm{N/m}$,则水银在管中的下降高度为

$$h = \frac{5.07}{r} \tag{1-10}$$

上述公式中,h、r 均以 mm 为单位。从公式中可以看出,管径对液体变化高度有着直接的影响,在实际中,应通过保证玻璃细管的直径来减小误差。

在实际的许多工程中,一般忽略表面张力的影响。但在某些类似于液柱式测压计的小尺寸仪器和模型试验、液体薄膜沿固体壁面的流动、水滴和气泡的形成、液体射流的破碎、气液两相流的传热与传质的研究中,表面张力将是不可忽略的重要因素。

1.1.3.4 流体的黏性

流体具有流动性,静止状态的流体不能承受剪切变形,但在运动状态下,流体就具有阻止流层间相对运动、抵抗剪切变形的能力,这就是流体的黏性。在运动的流体内部,相对运动的相邻流层或质点间成对出现的剪切力称为内摩擦力,即黏性力。黏性是流体最重要的性质。

1. 黏性的基本概念

为了更好地理解流体的黏性,通过如图 1-4 所示的实验进行研究。图中上下平行的两块平板之间充满静止的流体,h 为两个平板之间的距离,y 方向为平板的法线方向;下平板固定不动,使上平板在流体表面,沿着与下平板平行的方向以速度 u 做匀速运动;由于固液分子之间的黏附效应,紧挨着上平板下表面的一层流体质点就黏附于平板下表面上,该层流体随同上平板一起以速度 u 运动;然后,这一层流体会对相邻的下一层流体产生影响,使其发生运动,这样流体一层一层向下影响,流体层相继发生运动,至黏附于下平板上的流层运动速度为零时,这种影响就会消除。于是在两平板间沿法线 y 方向,流速由 0 变化至 u,在 u 和 h 都较小的情况下,各流层的速度沿法线方向可视为呈线性分布,其流速梯度为 $\frac{u}{h}$;一般情况

下为非线性分布，流速梯度为 $\dfrac{\mathrm{d}u}{\mathrm{d}y}$。

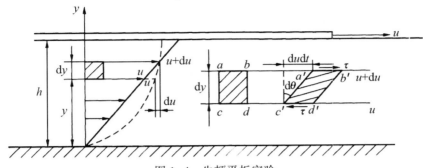

图 1-4　牛顿平板实验

　　这个实验是在 1686 年由牛顿首次提出来的。因此，该实验也叫牛顿平板实验。牛顿平板实验说明，流体在静止状态时没有黏性。运动状态下，由于流体内部质点或者流层间存在相对运动，流速较快的流层与流速较慢的流层相互影响，快流层带动慢流层，慢流层则会阻碍快流层的运动，这种相对运动会导致流层间产生阻碍流层相对运动的摩擦力的产生，抵抗剪切变形，所以实际流体在运动状态下就表现出了它的固有特性——黏性。

　　实验表明，处于流动状态的流体，其紧贴于固体边壁的一层流体质点是黏附在固体壁面上的，与边界之间没有相对运动，因此流体与固体边壁之间不存在摩擦力，这样流体中的摩擦力均表现为流体各流层之间的摩擦力，因此又叫流体的内摩擦力。

　　流体层间发生相对运动产生的内摩擦力是成对出现的，力的大小相等，方向相反。流速较快的流层会对流速较慢的流层产生同流速方向的切力，而流速较慢的流层则会对流速较快流层产生同流速方向相反的切力，两个力分别作用于相邻的两个不同的流层上。

　　从微观上来讲，内摩擦是流体层之间分子内聚力和分子动量交换的宏观表现。在常温、常压下，静止液体中分子之间的平均距离为平衡距离，分子之间的吸引力和排斥力相平衡。流体层之间的相对运动增大了流体分子之间的平均距离，分子之间的吸引力也随之增加，内聚力随之产生。内聚力阻碍液体层的相对运动，也就是说，内聚力对液体层相对运动的阻碍作用就是液体中所表现出来的内摩擦。对于气体，一般情况下分子之间的平均距离远大于平衡距离，内聚力作用非常微弱，但分子的随机运动很剧烈，气体层之间分子交换频繁。当气体层之间发生相对运动时，运动速度大的气体层和速度小的气体层分别具有动量较大的分子和动量较小的分子，相邻气体层中的分子频繁发生交换，速度大的气体层损失了动量，速度小的气体层增加了动量，因此运动速度趋于平均。这就是气体在宏观上所表现出来的内摩擦。

黏性就是流体在运动过程中产生阻力的特性。通常我们所说的机械能损耗就是流体运动因克服内摩擦阻力而做功消耗的能量，换句话说，流体黏性的存在是机械能损失的根源。流体运动规律因黏性的存在而趋向复杂化，黏性的存在也使得人们不得不加深对流体运动规律的分析和研究。黏性是对流体运动具有重要影响的固有属性，它是流体所特有的物理力学性质之一。

2. 流体黏性的表示

动力黏度、运动黏度和恩氏黏度常用来表示黏度的大小，其定义分别如下：

（1）动力黏度。表征流体动力特性的黏度为动力黏度，用 μ 表示，计算公式为

$$\mu = \frac{\tau}{\frac{\mathrm{d}u}{\mathrm{d}y}} \tag{1-11}$$

其中，μ 代表的是动力黏度，单位为 Pa·s。上述公式的物理意义为：动力黏度在数值上等于速度梯度 $\frac{\mathrm{d}u}{\mathrm{d}y} = 1$ 时的内摩擦应力。流体运动时的阻力与 μ 值呈正比例关系。

（2）运动黏度。运动黏度是绝对黏度 μ 与密度 ρ 的比值，即

$$v = \frac{\mu}{\rho} \tag{1-12}$$

运动黏度的 SI 单位为 $\mathrm{m^2/s}$，CGS 制单位为 St（托克斯，简称"斯"）。斯的单位太大，应用不便，常用1%斯，即1厘斯来表示，符号为 cSt，故

$$1\ \mathrm{cSt} = 10^{-2}\mathrm{St} = 10^{-6}\mathrm{m^2/s} \tag{1-13}$$

在液压系统计算和液压用油的牌号表示上，一般也不用动力黏度，而采用运动黏度 v。例如，某种液压油的牌号为 L-HV46，其牌号中的数字46即代表该油在40℃的运动黏度 v 为46cSt。

（3）恩氏黏度。在实际工程中，也可以用恩氏黏度 °E 来表示液体的黏性，恩氏黏度 °E 可用恩氏黏度仪来测量。测量时，将体积为200cm³的被测液体装入容器中，加热至某一温度（通常是50℃）并保持恒温。然后让其靠自重流出直径为 2.8 mm 的小孔，记下所需的时间 t_1，再测出20℃的200cm³蒸馏水流出同一小孔的时间 t_2。则该液体的恩氏黏度为

$$°E = \frac{t_1}{t_2} \tag{1-14}$$

恩氏黏度是一个无量纲数，它与运动黏度的换算关系为

$$v = \left(0.0732°E - \frac{0.0631}{°E}\right) \times 10^{-4} \tag{1-15}$$

【例 1-2】如图 1-5 所示，在厚度 $h = 10\text{mm}$ 的油膜上放置一块面积为 $A = 0.5\text{m}^2$ 的平板，用 $F = 4.8\text{N}$ 的水平拉力使其以 $u = 0.8\text{m/s}$ 的速度移动，油膜密度 $\rho = 856\text{kg/m}^3$。求油的动力黏度和运动黏度。

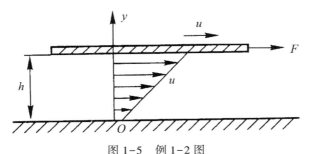

图 1-5 例 1-2 图

解：根据公式 $T = \mu A \dfrac{\mathrm{d}u}{\mathrm{d}y}$ 得 $\mu = \dfrac{T\mathrm{d}u}{A\mathrm{d}y}$，式中 $T = F = 4.8\text{N}$；$\mathrm{d}u = u = 0.8\text{m/s}$；$\mathrm{d}y = h = 0.01\text{m}$；$A = 0.5\text{m}^2$，则

$$\mu = \frac{T\mathrm{d}u}{A\mathrm{d}y} = \frac{4.8 \times 0.01}{0.5 \times 0.8} = 0.12\text{Pa·s}$$

$$v = \frac{\mu}{\rho} = \frac{0.12}{856} = 1.4 \times 10^{-4}\text{m}^2/\text{s}$$

3. 压力、温度对黏度的影响

一般情况下，压力对黏度的影响比较小，在工程中当压力低于 5MPa 时，黏度值的变化很小，可以不考虑。液体所受压力会缩小液体分子之间的距离，增大分子间的内聚力，从而使其黏度增大。因此，在压力 $p \geq$ 20MPa 及压力变化很大的情况下，黏度值的变化不能忽视。

温度变化对流体黏度的影响较大。对于液体来说，当温度升高时，其分子之间的内聚力减小，黏度就随之降低；而对气体来说，由于分子间隙较大，当温度升高时，它的黏度随之升高。

【例 1-3】如图 1-6 所示，滑动轴承和轴之间的间隙 $\delta = 0.1\text{cm}$，轴转速为 $n = 180\text{r/min}$，轴的直径 $d = 15\text{cm}$，轴承宽度 $b = 25\text{cm}$。试求：该轴因摩擦而消耗的功率（已知润滑油的动力黏度 $\mu = 0.245\text{Pa·s}$）。

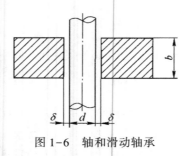

图 1-6 轴和滑动轴承

解：根据公式可得轴表面速度为

$$u = \frac{\pi d n}{60} = \frac{3.14 \times 0.15 \times 180}{60} = 1.415 \text{m/s}$$

因为油层厚度很小，因此可以近似认为

$$\frac{\mathrm{d}u}{\mathrm{d}y} = \frac{u}{\delta} = \frac{1.415}{0.001} = 1415 \text{s}^{-1}$$

由内摩擦力公式 $F = \mu A \dfrac{\mathrm{d}u}{\mathrm{d}y}$ 可得

$$F = \mu A \frac{\mathrm{d}u}{\mathrm{d}y} = \mu \pi d b \frac{\mathrm{d}u}{\mathrm{d}y} = 0.245 \times 3.14 \times 0.15 \times 0.25 \times 1415 = 40.84 \text{N}$$

所消耗的功率为

$$P = F \times \frac{d}{2} \times \frac{2\pi n}{60} = 40.84 \times \frac{0.15 \times 3.14 \times 180}{60} = 57.7 \text{N} \cdot \text{m/s}$$

1.2 流体静力学理论

流体静力学是研究流体处于静止（平衡）的力学规律以及这些规律在工程上的应用。静止状态下的流体内部无论是宏观质点之间还是流体层之间都不会发生相对运动。按照流体整体相对于地球有无运动，流体的静止状态可分为绝对静止和相对静止。流体静止或相对静止状态下，各质点之间没有相对运动，流体不表现黏性，也就没有切应力。所以，流体静力学中所得的结论，无论对实际流体还是理想流体都是适用的。

1.2.1 流体静压强及其特性

处于静止或者相对静止状态的流体表面应力中不存在切应力，只有法向应力。从静止或相对静止状态的均质流体中，任取一分离体，四周流体对该分离体的作用力如图 1-7 所示。

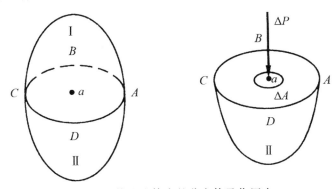

图 1-7　静止流体中的分离体及作用力

设一平面 $ABCD$ 将此分离体截为 I、II 两部分。假定将 I 部分移去，并以等效的力代替它对 II 部分的作用，使 II 部分不失去原有的平衡。从平面 $ABCD$ 上任取一面积 ΔA，设 ΔP 为移去部分作用在面积 ΔA 上的总作用力，并作用在 ΔA 的中心上。ΔP 和 ΔA 的比值称为 ΔA 上的平均压强。以 $\bar{p}$ 表示，即

$$\bar{p} = \frac{\Delta P}{\Delta A} \tag{1-16}$$

当面积 ΔA 无限缩小到一点 a 时，比值趋近于某一个极限值，此极限值称为点 a 的流体静压强，以 p 表示，即

$$p = \lim_{\Delta A \to 0} \frac{\Delta P}{\Delta A} = \frac{\mathrm{d}P}{\mathrm{d}A} \tag{1-17}$$

可以看出，流体静压力和流体静压强都是用来度量压力的，但是流体静压力度量的是作用在某一面积上的总压力，流体静压强则是对某一面积上的平均压强或着某一点的压强的表示。

一般地，流体静压强具有如下两个特性：

（1）流体静压强的作用方向沿作用面的内法线方向。假定在图 1-7 中 I 部分对 II 部分某点的静压强 p（图 1-8）不是垂直于作用面，则静压强 p 必然可分解为与作用面相切的切向分量 p_τ 和与作用面相垂直的法向分量 p_n，切向分量就是切应力。在讨论流体黏性时，从牛顿内摩擦定律中可以看出，静止流体内部是不会出现切应力的，若 $p_\tau \neq 0$，则流体的平衡会遭到破坏。切向分量不存在于静止的流体中，即 $p_\tau = 0$。因此，流体静压强 p 只可能垂直于作用面。又因为静止状态的流体不能承受拉应力，拉应力的存在会破坏流体的平衡，所以流体静压力的方向是跟作用面的内法线方向一致的。由于流体内部的表面只存在着压力，因此流体静力学的根本问题是研究流

体静压强的问题。

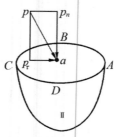

图 1-8　流体静压强的方向

（2）静止流体中任意一点流体压强的大小与作用面的方向无关，即同一点上各方向的流体静压强均相等。为了证明这一特性，从静止流体中取出一个三棱柱微元体 $OABC$，该四面体与坐标轴关系如图 1-9 所示，边长分别为以 dx、dy、dz。

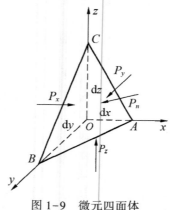

图 1-9　微元四面体

通常情况下，足够小的四面体中，微小面积上的压强是均匀分布的，记为 p_x、p_y、p_z、p_n，则相应的表面力分别为 $p_x \frac{1}{2}dydz$、$p_y \frac{1}{2}dxdz$、$p_z \frac{1}{2}dxdy$、p_nA_n（式中 A_n 为斜面 ABC 的面积）。微元四面体上除这些表面力外还有质量力分布，设单位质量流体的质量力在坐标轴方向上的分量为 X、Y、Z，则质量力 F 在坐标轴方向的分力分别为 $\rho X \frac{1}{6}dxdydz$、$\rho Y \frac{1}{6}dxdydz$、$\rho Z \frac{1}{6}dxdydz$。

静止流体中的微元四面体处于平衡状态，所以作用在四面体上的表面

力和质量力在各坐标轴投影的代数和等于零。在 x 方向上 $\sum F_x = 0$，则

$$p_x \frac{1}{2}dydz - p_n A_n \cos(n,x) + X\rho \frac{1}{6}dxdydz = 0 \qquad (1-18)$$

由几何关系有 $A_n \cos(n,x) = \dfrac{dydz}{2}$。则上式变为

$$p_x - p_n + X\rho \frac{1}{6}dx = 0 \qquad (1-19)$$

当 $dx \rightarrow 0$ 时

$$p_x = p_n \qquad (1-20)$$

同理可得

$$p_y = p_n \qquad (1-21)$$

$$p_z = p_n \qquad (1-22)$$

因此

$$p_x = p_y = p_z = p_n \qquad (1-23)$$

因为微元四面体的斜面是任意选取的，当微元四面体的边长趋于零时，微元四面体成为一个质点，式（1-23）表明流体处于静止状态时，某一点的静压强与作用面的方位没有关系，各个方向上的静压强均相等。

值得一提的是，静止流体某一点所处的深度对该点的静压强存在一定的影响，在连续介质中流体静压强仅是空间点坐标的连续函数，即 $p = p(x,y,z)$。由此可知，静压强不是一个矢量，而是一个标量。静压强的全微分为

$$dp = \frac{\partial p}{\partial x}dx + \frac{\partial p}{\partial y}dy + \frac{\partial p}{\partial z}dz \qquad (1-24)$$

1.2.2 流体的平衡微分方程

1.2.2.1 欧拉平衡方程

在静止流体中任取一微元平行六面体，如图 1-10 所示。取微元体的各边与相应的坐标轴平行，边长分别为 dx、dy、dz，中心点为 $A(x,y,z)$，压强为 p，该微元体的受力情况如下：

（1）表面力。平衡流体中不存在摩擦力，因此微小六面体上的表面力只有垂直指向作用面的静压力。如图 1-10 所示，设微元体中心点 $A(x,y,z)$ 点压强为 $p(x,y,z)$。因压强不是均匀分布的，所以六面体中心的压强与各个表面上的压强之间有微小的量差，且压强是坐标的连续函数，则左、右

两端面形心处的压强可按泰勒（G. I. Taylor）级数展开，分别为

$$p - \frac{\partial p}{\partial x}\frac{\mathrm{d}x}{2} \text{（左端面）}$$

$$p + \frac{\partial p}{\partial x}\frac{\mathrm{d}x}{2} \text{（右端面）}$$

其中，$\dfrac{\partial p}{\partial x}$ 指压强在 x 方向的变化率。相应这两个面上的压力为

$$(p - \frac{\partial p}{\partial x}\frac{\mathrm{d}x}{2})\mathrm{d}y\mathrm{d}z \text{（左端面）}$$

$$(p + \frac{\partial p}{\partial x}\frac{\mathrm{d}x}{2})\mathrm{d}y\mathrm{d}z \text{（右端面）}$$

作用在微元体上的 x 方向压力之和为

$$(p - \frac{\partial p}{\partial x}\frac{\mathrm{d}x}{2})\mathrm{d}y\mathrm{d}z - (p + \frac{\partial p}{\partial x}\frac{\mathrm{d}x}{2})\mathrm{d}y\mathrm{d}z = -\frac{\partial p}{\partial x}\mathrm{d}x\mathrm{d}y\mathrm{d}z \quad (1-25)$$

（2）质量力。设作用于六面体的单位质量力在 x 方向的分力为 f_x，则六面体在 x 方向的质量力为 $f_x\rho\Delta x\Delta y\Delta z$。处于平衡状态的液体，以上两种力必须互相平衡，对于 x 方向的平衡，可以写为

$$(p - \frac{1}{2}\frac{\partial p}{\partial x}\Delta x)\Delta y\Delta z - (p + \frac{1}{2}\frac{\partial p}{\partial x}\Delta x)\Delta y\Delta z + f_x\rho\Delta x\Delta y\Delta z = 0 \quad (1-26)$$

用 $\Delta x\Delta y\Delta z$ 除以上式，并简化得

$$\rho f_x - \frac{\partial p}{\partial x} = 0 \quad\quad\quad (1-27)$$

同理，y 轴、z 轴方向可得

$$\rho f_y - \frac{\partial p}{\partial y} = 0 \quad\quad\quad (1-28)$$

$$\rho f_z - \frac{\partial p}{\partial z} = 0 \quad\quad\quad (1-29)$$

式（1-27）～式（1-29）为流体平衡微分方程式，也称欧拉平衡方程。它是指平衡状态下流体上的质量力与压强递增率之间的关系，表示单位体积质量力在某一轴的分力与压强沿该轴的递增率相平衡。如果单位体积的质量力在某两个轴向分力为零，则压强在该平面就无递增率，则该平面为等压面。如果质量力在各轴向的分力均为零，就表示无质量力作用，则静止流体空间各点压强相等。

将式（1-27）～式（1-29）除以 ρ，分别移项得

$$f_x = \frac{1}{\rho}\frac{\partial p}{\partial x} \quad\quad\quad (1-30)$$

$$f_y = \frac{1}{\rho}\frac{\partial p}{\partial y} \qquad\qquad (1-31)$$

$$f_z = \frac{1}{\rho}\frac{\partial p}{\partial z} \qquad\qquad (1-32)$$

由上式可以看出，单位质量力在各轴向的分力和压强递增率的符号相同。这说明质量力作用的方向就是压强递增率的方向，如静止液体，压强递增的方向就是重力作用的竖直向下的方向。

将式（1-27）～式（1-29）分别乘以 dx、dy、dz，并相加得另一种形式为

$$\frac{\partial p}{\partial x}\mathrm{d}x + \frac{\partial p}{\partial y}\mathrm{d}y + \frac{\partial p}{\partial z}\mathrm{d}z = \rho(f_x\mathrm{d}x + f_y\mathrm{d}y + f_z\mathrm{d}z) \qquad (1-33)$$

式中左边是平衡液体压强 p 的全微分形式，即

$$\mathrm{d}p = \rho(f_x\mathrm{d}x + f_y\mathrm{d}y + f_z\mathrm{d}z) \qquad (1-34)$$

如果流体是不可压缩的（ρ 为常数），由高等数学知，上式右边的括号内的数值必然是某一函数 $W(x,y,z)$ 的全微分，即

$$\mathrm{d}W = f_x\mathrm{d}x + f_y\mathrm{d}y + f_z\mathrm{d}z \qquad (1-35)$$

而

$$\mathrm{d}W = \frac{\partial W}{\partial x}\mathrm{d}x + \frac{\partial W}{\partial y}\mathrm{d}y + \frac{\partial W}{\partial z}\mathrm{d}z \qquad (1-36)$$

因此

$$\frac{\partial W}{\partial x} = f_x \qquad\qquad (1-37)$$

$$\frac{\partial W}{\partial y} = f_y \qquad\qquad (1-38)$$

$$\frac{\partial W}{\partial z} = f_z \qquad\qquad (1-39)$$

满足式（1-34）的函数 $W(x,y,z)$ 称为势函数，具有这样势函数的质量力称为有势的力。因此，液体只有在有势的质量力作用下才能平衡。

将式（1-35）代入式（1-34）得

$$\mathrm{d}p = \rho\mathrm{d}W \qquad\qquad (1-40)$$

积分得

$$p = \rho W + C \qquad\qquad (1-41)$$

其中，C 为积分常数。

当已知流体内某一点的势函数为 W_0 和压强 p_0 时

$$C = p_0 - \rho W_0 \qquad\qquad (1-42)$$

于是，式（1-41）可写为

$$p = p_0 + \rho(W - W_0)$$ （1-43）

上式为不可压缩流体平衡微分方程式积分后的普遍关系式。

当重力仅为重力时，作用于液体的重力在各轴向的分力为

$$f_x = 0$$ （1-44）
$$f_y = 0$$ （1-45）
$$f_z = -g$$ （1-46）

将上述各力的大小代入式（1-34）得

$$dp = -\rho g dz$$ （1-47）

对上式积分得

$$p = -\rho g z + C$$ （1-48）

或

$$z + \frac{p}{\rho g} = C$$ （1-49）

这也就是前面已经证实的流体静力学的基本方程式。

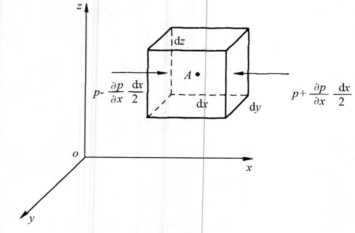

图 1-10　微元六面体的受力分析

1.2.2.2 等压面

等压面是指流体中由压强相等的各点组成的平面或者曲面。等压面可以用 $p(x, y, z)$ 来表示。在等压面上，$p = C$，$dp = 0$，代入压强差公式，可得等压面微分方程

$$f_x dx + f_y dy + f_z dz = 0$$ （1-50）

矢量形式为

$$\boldsymbol{f} \cdot \mathrm{d}\boldsymbol{r} = 0 \qquad (1-51)$$

由式（1-50）可知，等压面具有如下性质：

（1）等压面就是等势面。由式（1-50）和质量力的势函数可得

$$-\mathrm{d}U = f_x\mathrm{d}x + f_y\mathrm{d}y + f_z\mathrm{d}z = 0 \qquad (1-52)$$

即 $U = C$。所以等压面就是等势面。

（2）等压面与质量力垂直。在等压面上取一微段 $\mathrm{d}\boldsymbol{r} = \mathrm{d}x\boldsymbol{i} + \mathrm{d}y\boldsymbol{j} + \mathrm{d}z\boldsymbol{k} = 0$ 与单位质量力 $\boldsymbol{f} = f_x\boldsymbol{i} + f_y\boldsymbol{j} + f_z\boldsymbol{k}$ 两者的点乘得

$$\boldsymbol{f} \cdot \mathrm{d}\boldsymbol{r} = f_x\mathrm{d}x + f_y\mathrm{d}y + f_z\mathrm{d}z = 0 \qquad (1-53)$$

$$\boldsymbol{f} \perp \mathrm{d}\boldsymbol{r} \qquad (1-54)$$

即等压面与质量力垂直。从等压面的这个性质出发，可以根据质量力的方向确定等压面。例如，只受重力作用的静止流体，因为重力方向总是垂直向下的，所以等压面必然是水平面。

（3）两种互不相混的液体平衡时，交界面必是等压面。如图 1-11 所示，一个密封容器中装有密度为 ρ_1 和 ρ_2 的两种液体。在分界面 $a-a$ 上任取两点 AB，这两点的压差为 $\mathrm{d}P$，势差为 $\mathrm{d}U$，则可写出式

$$\mathrm{d}P = \rho_1\mathrm{d}U \qquad (1-55)$$

$$P = \rho_2\mathrm{d}U \qquad (1-56)$$

因 $\rho_1 \neq \rho_2$，且都不等于零，所以只有当 $\mathrm{d}P$ 和 $\mathrm{d}U$ 均为零时方程才成立，即交界面 $a-a$ 是等压面。

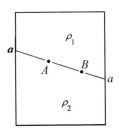

图 1-11　两种互不相混液体的交界面

1.2.3 静止流体对平面、曲面的作用力

工程上，常需要解决液体作用在结构物表面上的流体静压力问题。如设计水坝、闸门、插板、水箱、油罐、压力容器时，就需要计算作用在结构物表面上流体静压力，包括大小、方向、作用点。本节分别讨论静止流体对平面壁和曲面壁的作用力。

1.2.3.1 平面壁上的作用力

如图 1-12 所示，任一形状的平面，面积为 A ，倾角为 θ ，左边受水的压力，右边为大气。

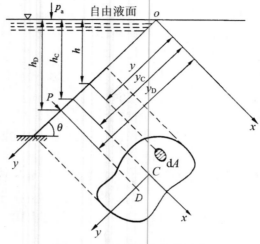

图 1-12　平面壁上的总压力

取图示坐标系，在平面上取一微小面积 $\mathrm{d}A$ ，中心在液面下的深度为 h ，纵坐标为 y , $h = y\sin\theta$ ，则作用在 $\mathrm{d}A$ 上的压力为

$$\mathrm{d}P = P\mathrm{d}A = \rho gh\mathrm{d}A = \rho gy\sin\theta\mathrm{d}A \qquad (1-57)$$

作用在面积 A 上的总压力为

$$P = \int_A \mathrm{d}P = \rho g\sin\theta\int_A \mathrm{d}A \qquad (1-58)$$

其中， $\int_A y\mathrm{d}A$ 是面积 A 对 ox 轴的面积矩，它等于面积 A 与其形心 C 到 x 轴的距离 y_C 的乘积。设平面形心 C 点的纵坐标为 y_C ，深度为 h_C ，则

$$\int_A y\mathrm{d}A = y_C A \qquad (1-59)$$

代入总压力公式中有

$$P = \rho g\sin\theta y_C A = \rho gh_C A \qquad (1-60)$$

上式表明，作用在平面上的总压力 P 等于平面形心处的压强 $P_C = \rho gh_C$ 乘以平面的面积 A 。总压力 P 的作用方向与作用面内部相垂直。设总压力的作用点为 D 点，坐标为 y_D ，则 y_D 可由合力矩定理求出，即

$$P \cdot y_D = \int_A \mathrm{d}p \cdot y = \int_A y \cdot \rho gy\sin\theta\mathrm{d}A \qquad (1-61)$$

将式（1-60）代入，则有

$$\rho g \sin\theta y_C A \cdot y_D = \rho g \sin\theta \int_A y^2 \mathrm{d}A \qquad (1\text{-}62)$$

$$y_D = \frac{\int_A y^2 \mathrm{d}A}{y_C A} \qquad (1\text{-}63)$$

其中，$\int_A y^2 \mathrm{d}A$ 是面积 A 对 ox 轴的惯性矩 I_x，则

$$y_D = \frac{I_x}{y_C A} \qquad (1\text{-}64)$$

惯性矩的平行移轴定理为 $I_x = I_{Cx} + A y_C^2$，即将面积 A 对 ox 轴的惯性矩 I_x 换成通过面积形心 C 而且平行于 ox 轴的惯性矩 I_{Cx}。于是

$$y_D = y_C + \frac{I_{Cx}}{y_C A} \qquad (1\text{-}65)$$

因为 $\dfrac{I_{Cx}}{y_C A}$ 一直都是正值，所以 $y_D > y_C$，即压力中心永远在形心的下面。

1.2.3.2 曲面上的作用力

液体作用于任意曲面不同点的作用力与其相对应的微元曲面相垂直，因而壁面形状的变化会改变各点作用力的方向，从而形成复杂的空间力系。工程上遇到最多的是二向曲面，这里只讨论该类曲面所受液体总压力的问题。如图 1-13 所示，将一个二区面 $abcd$ 淹没在密度为 ρ 的均质静止液体中，坐标原点取在自由液面上。求总压力问题就是空间力系的合成问题，先确定总压力在水平与铅垂方向的分力，这些分力的矢量和即为曲面上的总压力。

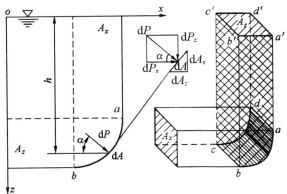

图 1-13 作用于曲面壁上的压力

从曲面上取微元面积 $\mathrm{d}A$，设 α 为 $\mathrm{d}A$ 法线方向与 x 轴方向的夹角，$\mathrm{d}P$ 为

液体作用在 $\mathrm{d}A$ 上的压力。其关系式为

$$\mathrm{d}P = p\mathrm{d}A = \gamma h\mathrm{d}A \qquad (1-66)$$

压力 $\mathrm{d}P$ 作用线沿 $\mathrm{d}A$ 法线方向与水平面的夹角是 α，将它沿水平和垂直方向分解，得

$$\mathrm{d}P_x = \mathrm{d}P\cos\alpha = \gamma h\mathrm{d}A\cos\alpha \qquad (1-67)$$
$$\mathrm{d}P_z = \mathrm{d}P\sin\alpha = \gamma h\mathrm{d}A\sin\alpha \qquad (1-68)$$

从图中可以得出，$\mathrm{d}A_x = \mathrm{d}A\cos\alpha$，$\mathrm{d}A_z = \mathrm{d}A\sin\alpha$。将上式在整个曲面上积分，则可得作用于曲面上总压力的水平分力和垂直分力为

$$P_x = \int_{A_x} \gamma h\mathrm{d}A_x = \gamma \int_{A_x} h\mathrm{d}A_x \qquad (1-69)$$

$$P_z = \int_{A_z} \gamma h\mathrm{d}A_z = \gamma \int_{A_z} h\mathrm{d}A_z \qquad (1-70)$$

式中，$\int_{A_x} h\mathrm{d}A_x$ 为曲面的垂直投影面 A_x 绕 oy 轴的静力矩，可以表示为

$$P_x = \gamma h_{cx} A_x \qquad (1-71)$$

这个公式表明，作用在曲面上总压力的水平方向分力等于其在铅锤投影面积形心处的相对压强与铅锤投影面积 A_x 的乘积。力作用点为投影面积 A_x 的压力中心。A_z 为曲面在水平面上的投影面积，则 $\int_{A_z} h\mathrm{d}A_z$ 为自由液面与曲面所包围的体积 $abcda'b'c'd'$，通常称它为压力体，用 V 表示，故总压力的垂直分力为

$$P_z = \gamma V \qquad (1-72)$$

可以看出，总压力的垂直分力等于压力体的液重，其作用线必通过压力体的重心。总压力 P 可以合成为

$$P = \sqrt{P_x^2 + P_z^2} \qquad (1-73)$$

总压力的倾斜角为

$$\theta = \arctan\frac{P_x}{P_z} \qquad (1-74)$$

确定总压力 P 作用点的方法为：将 P_x 及 P_z 的作用线相交得到交点，过此交点按倾角 θ 确定总压力 P 作用线的位置，此线与曲面的交点就是总压力 P 的作用线。

1.3 流体动力学理论

流体动力学主要研究流体的运动规律及其在工程上的实际应用。流体运动属于机械运动的范畴，因此物理学中的质量守恒定律、能量转换与守

恒定律及动量定理也适用于流体。

1.3.1 流体运动的基本概念

1.3.1.1 定常流动和非定常流动

按流场中流体的运动要素是否随时间变化，流体的流动可分为定常流动与非定常流动。在定常流动中，流体运动时，流体的运动要素（流速、压强、密度等）不随时间而变化；在非定常流动中，流体运动时，流体任一点的流速、压强、密度等会随着时间发生变化。

如图 1-14（a）所示，当水从水箱侧面孔口流出时，由于水箱上部的水管不断充水，使水箱中的水位保持不变，因此水流的压强、流速均不随时间而发生变化，所以是定常流动。如图 1-14（b）所示，当水箱无充水管时，随着水从孔口的不断流出，水箱中的水位逐渐下降，导致水流的压强、速度均随时间而发生变化，所以是非定常流动。

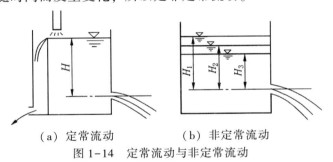

（a）定常流动　　　　　（b）非定常流动

图 1-14　定常流动与非定常流动

在非定常流动中，速度函数为

$$u_x = u_x(x, y, t) \tag{1-75}$$

$$u_y = u_y(x, y, t) \tag{1-76}$$

$$u_z = u_z(x, y, t) \tag{1-77}$$

上式是对非定常流速的全面描写，它反映了流速在空间的分布和随时间的变化。

在定常流动中，欧拉变量不出现时间 t，速度函数简化为

$$u_x = u_x(x, y, z) \tag{1-78}$$

$$u_y = u_y(x, y, z) \tag{1-79}$$

$$u_z = u_z(x, y, z) \tag{1-80}$$

定常流动的描述只需了解流速在空间的分布，因此对定常流动的描述要比非定常流动简单。大多研究都是对定常流动的研究，但是非定常流动

也是有一定的现实意义的，某些专业中常见的流体现象，如水击现象，必须用非定常流动进行计算。但工程中大多数流动，流速等运动要素不随时间而变，或变化甚缓，只需用定常流动计算，就能满足实用要求。

1.3.1.2 流线和迹线

迹线是流体质点在空间某一时间内运动轨迹或路线。迹线是拉格朗日法描述流体运动的基础。因每个质点运动时都会形成运动轨迹，故迹线是一族曲线，且迹线不受时间影响，只随质点而变。流线是用来描述流场中各点运动方向的曲线，它是某时刻速度场的一条矢量线，在线上任一点切线方向与该点在该时刻的速度方向一致。它适用于欧拉法。

流线的做法：如图 1-15 所示，在某一时刻，在流场任取一点 1，沿该点的速度方向在距 1 点微小距离处取另一点 2，沿该点的速度方向在距 2 点微小距离处取一点 3，如此一直取下去，将各点连起来得到一条折线。当各点距离趋近于零时，折线变为光滑曲线，这条曲线就是流线。由此可见，流线就是若干流体质点在同一时刻的速度方向线形成的光滑曲线。

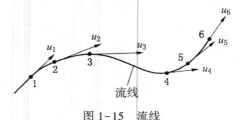

图 1-15　流线

流场中的任何一个流体质点都可以画出不同的流线，所以流场是被无数的流线所充满的，流体的几何形象可以通过流线在流场中分布的疏密程度来判断。

迹线和流线都是用以描述流场几何性质的。它们最本质的差别是：迹线是同一流体质，点在不同时刻的位移线，与拉格朗日法对应；流线则是同一时刻不同流体质点速度向量的包络线，与欧拉法对应。

1.3.1.3 元流和总流

在流场内，取任意非流线的封闭曲线 l。经此曲线上的全部点作流线，这些流线组成的管状流面称为流管。流管内的全部流体称为流束（图 1-16）。当流束的断面 dA 无限小时的微小流束，称为元流。由无数个元流所组成，过断面 dA 的整个液流称为总流。

元流具有以下性质：

（1）定常流动时，元流的形状不会因时间而发生变化。

（2）流体不能从元流的侧面流入或流出，流体只能沿着元流流段的端面流入或流出。

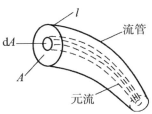

图 1-16　元流与总流

1.3.1.4 流量和平均流速

流束的有效截面是指与各流线相垂直的横截面，也称为过流截面。单位时间内通过有效截面的流体的数量，称为流量。体积、质量和重量都可以用来计量流量，对应地流量也可以分为体积流量（m³/s）、质量流量（kg/s）和重量流量（N/s），分别用 Q、M 和 G 来表示。

在流管内取一微小的有效截面 dA，而且认为有效截面流体上的各个流动参量各点都相同。因此，通过有效截面 A 的体积流量、质量流量和重量流量分别为

$$Q = \int_A u dA \tag{1-81}$$

$$M = \int_A \rho u dA \tag{1-82}$$

$$G = \int_A \rho g u dA \tag{1-83}$$

其中，u 表示有效截面上任意一点的速度，单位是 m/s；ρ 表示与速度 u 相对应的流体密度，单位是 kg/m³。

利用上式来计算总流流量时，需要知道过流断面的流速分布。当过流断面较大时，各点流速不同，可用平均流速计量流量，即

$$Q = Av = \int_A u dA \tag{1-84}$$

平均流速为

$$v = \frac{\int_A u dA}{A} \tag{1-85}$$

平均流速是一个假想的流速，即假定在有效截面上各点都以相同的平均流速流过，这时通过该有效截面上流体的体积流量仍与各点以真实流速 u

流动时所得到的体积流量相同。断面平均流速的引入可以将实际的三维或二维问题简化为一维问题，这就是所谓的一维分析法或总流分析法。流体力学中若没对体积流量进行特别说明，此时的流量就是指体积流量。

1.3.2 流体运动的连续性方程

在总流中断面平均流速沿流向变化，可用质量守恒定律来研究。连续性方程实质上是质量守恒定律在流体力学中的具体应用。

如图 1-17 所示，在定常流动的总流中任取面积为 A_1 和 A_2 的 1、2 过流断面，在所取断面中任意取一元流，其微小面积为 $\mathrm{d}A_1$ 和 $\mathrm{d}A_2$。设 $\mathrm{d}A_1$ 上点的流速为 u_1，$\mathrm{d}A_2$ 上点的流速为 u_2。

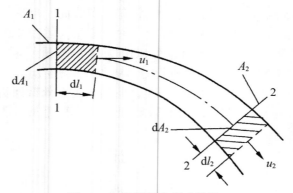

图 1-17　连续性方程式推导

在定常流动中，时间不会改变流体的各运动要素，因此不会对元流产生影响，且元流流段的端面是流体流动的唯一方向。由于流动是连续的，则在 $\mathrm{d}t$ 时间内，两断面间流动空间内流体质量不变，根据质量守恒定律，流入 $\mathrm{d}A_1$ 的流体质量必然等于流出 $\mathrm{d}A_2$ 的流体质量，即

$$\rho_1 \mathrm{d}Q_1 \mathrm{d}t = \rho_2 \mathrm{d}Q_2 \mathrm{d}t \qquad (1-86)$$

消去 $\mathrm{d}t$，得出不同断面上密度不相同时，反映元流两断面间流动空间质量平衡的元流可压缩流体的连续性方程，即

$$\rho_1 \mathrm{d}Q_1 = \rho_2 \mathrm{d}Q_2 \qquad (1-87)$$

$$\rho_1 u_1 \mathrm{d}A_1 = \rho_2 u_2 \mathrm{d}A_2 \qquad (1-88)$$

当流体不可压缩时，密度为常数，即 $\rho_1 = \rho_2$，元流不可压缩流体的连续性方程为

$$\mathrm{d}Q_1 = \mathrm{d}Q_2 \qquad (1-89)$$

或

$$u_1 dA_1 = u_2 dA_2 \tag{1-90}$$

把式（1-87）和式（1-89）两端分别在总流的过流断面 A_1 和 A_2 上积分，对于可压缩流体，有

$$\int_{A_1} \rho_1 dQ_1 = \int_{A_2} \rho_2 dQ_2 \tag{1-91}$$

$$\rho_1 Q_1 = \rho_2 Q_2 \tag{1-92}$$

$$\rho_1 v_1 A_1 = \rho_2 v_2 A_2 \tag{1-93}$$

对于不可压缩流体，有

$$\int_{A_1} dQ_1 = \int_{A_2} dQ_2 \tag{1-94}$$

$$Q_1 = Q_2 \tag{1-95}$$

$$v_1 A_1 = v_2 A_2 \tag{1-96}$$

式（1-96）为不可压缩流体总流的连续性方程。方程式表明在不可压缩流体一维流动中，平均流速与断面面积成反比。

由于断面 1、2 是任意选取的，上述关系可以推广到全部流动的各个断面。即

$$Q_1 = Q_2 = \cdots = Q \tag{1-97}$$

$$v_1 A_1 = v_2 A_2 = \cdots = vA \tag{1-98}$$

而流速之比和断面之比有下列关系，即

$$v_1 : v_2 : \cdots : v = \frac{1}{A_1} : \frac{1}{A_2} : \cdots : \frac{1}{A} \tag{1-99}$$

定常流总流的连续性方程式确定了断面平均流速沿流向的变化规律。在已知总流流量或者任一断面的流速时，可运用这一规律根据断流面的大小确定其他断面上的平均流速。由于连续性方程式并未涉及作用在流体上的力，因此对于理想流体和实际流体均可适用。

1.3.3 实际流体的伯努利方程及应用

1.3.3.1 实际流体微元流束的伯努利方程

实际流体因具有黏性，在运动时会因阻力而使机械能以热能的形式散失。因此，实际流体流动时，单位重量流体所具有的机械能将沿程减少，总水头线沿程下降。如图 1-18 所示，定义 h'_w 为单位重量流体从过流断面

1-1流动至2-2的机械能损失，称为元流的水头损失，则根据能量守恒原理，可得实际流体微元流束的伯努利方程为

$$z_1 + \frac{p_1}{\rho g} + \frac{u_1^2}{2g} = z_2 + \frac{p_2}{\rho g} + \frac{u_2^2}{2g} + h_w' \qquad (1-100)$$

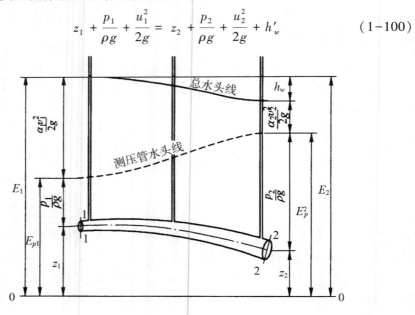

图 1-18　实际流体流动的各水头线关系

1.3.3.2 实际流体总流的伯努利方程

在处理流体在管道、渠道中的流动等实际问题时，需要将微小流束的伯努利方程在整个过流断面上的积分推广到总流上。在总流中的任一微小流束，满足方程式（1-100），将方程两边同乘以重量流量 $\rho g \mathrm{d}Q$，可得单位时间内微小流束总机械能的关系式为

$$(z_1 + \frac{p_1}{\rho g} + \frac{u_1^2}{2g})\rho g \mathrm{d}Q = (z_2 + \frac{p_2}{\rho g} + \frac{u_2^2}{2g} + h_w')\rho g \mathrm{d}Q + h_w'\rho g \mathrm{d}Q$$

$$(1-101)$$

将上式在过流断面上积分，可得单位时间内通过总流过流断面的能量关系为

$$\int_{A_1}(z_1 + \frac{p_1}{\rho g} + \frac{u_1^2}{2g})\rho g \mathrm{d}Q = \int_{A_2}(z_2 + \frac{p_2}{\rho g} + \frac{u_2^2}{2g} + h_w')\rho g \mathrm{d}Q \quad (1-102)$$

这个公式中包含了三种类型的积分，分别是势能积分 $\int(z + \frac{p}{\rho g})\rho g \mathrm{d}Q$、

动能积分 $\int \dfrac{u^2}{2g}\rho gdQ$ 和水头损失积分 $\int h'_w \rho gdQ$。

1.3.3.3 总流伯努利方程的实际应用

伯努利方程的函数表达式中只涉及了位置高度、压强、流速和水头损失四类参数，可用于求解多种以这四类参数为核心的工程问题。因此，伯努利方程的应用可以归结为流动方向和能量损失的问题、压力问题、流速和流量问题三类，限于本书篇幅，这里仅就其在压力问题中的应用进行讨论。

工程中一般用表压计量压力，在能量的相互换算中也习惯用表压或相对压强进行计算。除特殊说明外，通常采用相对压力来分析计算流体流动。流动的流体中，压力和流动之间相互影响，过低的流体压力会对流体的稳定流动造成影响，导致气穴现象。气穴现象是指当流体的流动压力小于空气的分离压时，溶解在流体中的空气会从中分离出来，影响流动的稳定性和连续性。此外，流体流动中产生的气泡破裂后会对管壁产生一定的腐蚀性和氧化性，即产生气蚀现象。所以，流体流动的压力要高于气穴分离压，这样才能保证稳定流动。只有负压（小于大气压）流动才考虑气穴现象。典型的负压流动有虹吸现象和有泵参与的流动问题，其具体内容分别如下：

（1）虹吸管中的压力。利用流体之间的位置势能实现流体之间传输的装置即为虹吸管。图 1-19 所示为虹吸管中流体的流动方向，把两容器内和输送管路中的流体作为整体来分析，只分析流动稳定时的情况，沿流动方向上流体的总机械能是减少的。容器 A 的自由液面 1-1 是流体流动开始的断面；虹吸管的流出断面 2-2 为流动的结束断面；断面 3-3 则是虹吸管具有最高势能的断面。流体从 1-1 到 2-2，即流体从 A 容器输送到 B 容器，位置势能的减少转化为输送流体的动能和能量损失；流体从 1-1 到 3-3，则流体的势能和动能在增加，总机械能减少，必定有压力能的降低，因为流动过程中总能量守恒。依据伯努利方程，有 $H_1 + 0 + 0 = z + \dfrac{p_3}{\rho g} + \dfrac{v^2}{2g} + h_{w1-3} = 0 + 0 + \dfrac{v^2}{2g} + h_{w1-2}$。所以，流动中虹吸管中存在负压（真空度）。流体的稳定流动需要尽量避免气穴现象的发生，实际流动中压力值不应该小于流体的分离压，更不能无限地接近绝对零压。

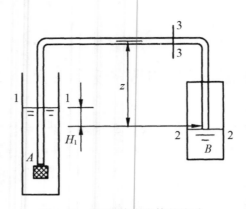

图 1-19　虹吸管内流体的流动

（2）泵吸入管内的流体压力。如图 1-20 所示，低液位的流体可通过管路中的水泵而被传输到高液位，即管道中的水泵可在一定程度上提高流体的位置势能。由伯努利方程可知，流体在流动过程中，其位置势能和动能的增加意味着压力能的减少。因此，泵吸入管内的流体压力一定不会大于大气压。

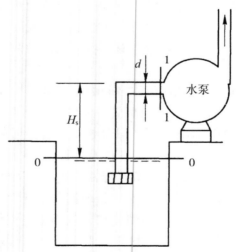

图 1-20　离心式水泵的抽水系统

【例 1-4】 如图 1-21 所示，将流量为 $Q = 20\text{m}^3/\text{h}$ 的离心式水泵装在高出吸水井水面 $H_s = 5.5\text{m}$ 上。已知吸水管直径 $d = 100\text{mm}$，在吸水管线中的总水头损失为 $0.25\text{mH}_2\text{O}$，试求水泵在其吸水管接头中产生的负压值。

解：吸水管中的流速

$$v = \frac{Q}{A} = \frac{Q}{\pi d^2} = \frac{20 \times 4}{3600 \times 3.14 \times 0.1^2} = 0.706 \text{m/s}$$

由伯努利方程可知，在蓄水池的自由液面 0-0 和水泵吸入口断面 1-1 处建立等式，则有

$$z_0 + \frac{p_0}{\rho g} + \frac{\alpha_0 v_0^2}{2g} = z_1 + \frac{p_1}{\rho g} + \frac{\alpha_1 v_1^2}{2g} + h_w$$

由已知条件可知，蓄水池断面 0-0 的面积远远大于吸入口断面 1-1 的面积，根据连续性方程可得，$v_0 \leqslant v_1 = v$，$v_0 \approx 0$；断面 0-0 为自由液面，因此 $p_0 = 0$（以大气压强为基准）；实际流动的动能修正 $\alpha_0 = 1$。综上有

$$0 + 0 + 0 = H_s + \frac{p_1}{\rho g} + \frac{v^2}{2g} + h_w$$

所以，

$$-\frac{p_1}{\rho g} = H_s + \frac{v^2}{2g} + h_w = 5.5 + \frac{0.706}{2 \times 9.806} + 0.25 = 5.79 \text{ mH}_2\text{O}$$

因此，水泵在其吸水管接头中产生的负压值为 5.79 mH$_2$O，即为真空度值。

（3）有泵参与的流体流动问题。水泵可以用来增加流体能量，叶片对经过的水流进行做功，从而增加水流的能量。根据泵的工作原理可知，流体所增加的这部分能量来自于电能，电机把电能转化为轴的机械能；电机的转动轴带动叶片运动，进而将机械能转化为流体的压力能。如图 1-21 所示，管路中有一水泵，水泵对液流做功，使液流能量增加，增加的部分即为泵的扬程 H。根据伯努利方程，取位于泵前面的过流断面 1-1 和位于泵后面的过流断面 2-2 建立能量等式，则有

$$z_1 + \frac{p_1}{\rho g} + \frac{\alpha_1 v_1^2}{2g} + H = z_2 + \frac{p_2}{\rho g} + \frac{\alpha_2 v_2^2}{2g} + h_{w1-2} \tag{1-103}$$

式中，H 表示单位重量的液流通过水泵后增加的能量，也称管路所需的水泵扬程；h_{w1-2} 表示全部管路中的水头损失。上述公式是有能量输入（泵）的伯努利方程。

泵的有效功率（输出功率）用 $N_泵$ 表示，指泵在单位时间内对通过的液体所做的功，单位为瓦（W）。单位时间内通过水泵的水流重量为 $\rho g Q$，所以单位时间内水流从泵中实际获得的总能量为

$$N_泵 = \rho g Q H \tag{1-104}$$

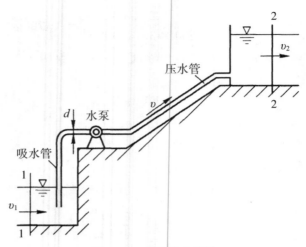

图 1-21　水塔输水管路

泵的输出功率来自于电动机，因此泵的有效功率与电动机的输出功率（泵的额定功率、输入功率、轴功率）$N_{轴}$的比值，即为泵的效率 η，用公式表示为

$$\eta = \frac{N_{泵}}{N_{轴}} \qquad\qquad (1-105)$$

1.4　流体流动状态与能量损失

运用能量方程确定流动过程中流体所具有的能量的变化或确定各断面上位置势能、压力能和动能之间的关系及计算为流体流动提供的动力等，都需要计算能量损失项。不同流动状态下存在着不同的能量损失情况。

1.4.1 流体的两种运动状态

1.4.1.1 雷诺实验

不同的边界条件导致黏性流体质点的运动具有两种不同的状态：一种是所有流体质点做定向有规律的运动，即为层流；另一种是做无规律、不定向的混杂运动，即为紊流。英国物理学家雷诺在 1883 年发表的论著中通过实验确定了这两种运动状态，且测定了流动水头损失与层流、紊流的关系。

图 1-22 所示为雷诺的实验装置。水箱 A 与水平等径管 C 连接，管子末

端装有阀门 E 以调节水平等径管内流速，容器 B 内装有红色液体，容器下端装有细管并伸入水平等径管 C 内，红色液体用阀门 D 调节。水箱水位保持稳定。图 1-23（a）所示为流体流速较小时管内液体状态，水平等径管内水和红色液体互不混杂，管内有一条清晰的红线。这表明流体质点之间是互不干涉的，这种流动状态称为层流。调节阀门 E，使流速逐渐增大。红色液体起先仍保持一根清晰的红线，但当流速增加至某一程度时，红线开始出现波动，处于过渡状态，如图 1-23（b）所示。流速再增大到某一临界值（称为上临界速度 v'_{cr}），红线断裂并形成一种紊乱状态，如图 1-23（c）所示。它表明流体质点之间已经开始互相混杂，这种流动称为紊流。

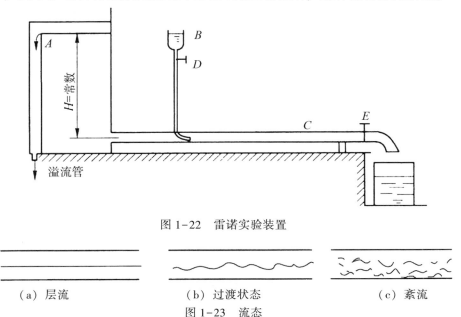

图 1-22   雷诺实验装置

（a）层流   （b）过渡状态   （c）紊流

图 1-23   流态

逐渐将全开的阀门关小时，管内红色液体又会发生一定变化，当流速降低到另一临界值（称为下临界速度 v_{cr}）时，紊流状态下被冲散的红色液体又变回一条清晰的红线，也就是紊流过渡为层流。因此，把图 1-23（a）那样的液体各质点所做的定向而不互相混杂的层次分明的流动，称为层流；把图 1-23（c）那样的液体各质点所做的不定向而互相混杂紊乱的流动，称为紊流；图 1-23（b）那样的流动状态则称为层流和紊流之间的过渡状态。雷诺的实验材料是水，当实验材料换位液压油或其他流体（包括空气）时，也同样有这样的现象。

1.4.1.2 雷诺数

流体流动状态可通过临界速度来判断，同时流体的黏度、密度以及流体的边界影响均会导致临界速度发生变化。雷诺根据大量实验发现流体的流动状态除与流速有关外，还和管径、流体的动力黏度、密度有关。他通过分析，将上述因素归纳为一个无量纲数，称为雷诺数，用来判断流体流动状态。雷诺数一般用 Re 表示，即

$$Re = \frac{\rho vd}{\mu} = \frac{vd}{\nu} \qquad (1-106)$$

式中，v 表示管中流体流速，单位是 m/s；ρ 表示流体密度，单位是 kg/m^3；d 表示的是管子直径，单位为 m；μ 表示的是流体的动力黏度，单位是 (N·s)/m^2；ν 表示的是流体的运动黏度，等于 μ/ρ 单位是 m^2/s。

上临界雷诺数和下临界雷诺数分别对应上临界速度和下临界速度的雷诺数。上临界数不稳定，实验环境、流动起始状态等均会使其发生变化，因此上临界雷诺数在工程技术中没有意义。下临界雷诺数一般比较稳定，通常以它作为判别流动状态的准则，即流动的临界雷诺数为 $Re_{cr} = 2320$。当 $Re \leq 2320$ 时为层流，$Re > 2320$ 时为紊流。

前述结论是在圆管流动中得出的，但也适用于其他不同边界条件的流动。为使式（1-106）能用于任何断面的流动，将直径 d 改为水力半径 R 是非常方便的，于是该式可改写为

$$Re = \frac{\rho vd}{\mu} = \frac{vR}{\nu} \qquad (1-107)$$

1.4.1.3 圆管中的层流与紊流的流速分布

1. 圆管中的层流分布

在同一液流上，各过流断面的形状和面积都相等，而且在不同断面上相应点（同一流线上的点）的流速也不变的流动，称为均匀流动。圆管中的层流运动即属于均匀流动，流线都与管的中心线平行、质点的运动规律较简单，因此可应用黏性流体的运动加以解释。故在层流中液体层间的切应力可用内摩擦定律来表示，即

$$\tau = \mu \frac{\mathrm{d}u}{\mathrm{d}y} = -\mu \frac{\mathrm{d}u}{\mathrm{d}r} \qquad (1-108)$$

其中，μ 代表动力黏度系；u 代表离管轴距离 r 处的流速，如图 1-25 所示。

通过分析得出速度为

$$u = \frac{\gamma J}{4\mu}(r_0^2 - r^2) \qquad (1-109)$$

其中，J 表示水力坡度。上式表明，圆管中均匀流层的流速分布是一个旋转抛物面，如图 1-24（a）所示。过流断面上流速呈抛物面分布状态。

将 $r = 0$ 代入式（1-109）中，得管轴的最大流速为

$$u_{max} = \frac{\gamma J}{4\mu}r_0^2 \qquad (1-110)$$

平均流速为

$$v = \frac{Q}{S} = \frac{\int_A u\mathrm{d}S}{S} = \frac{\gamma J}{8\mu}r_0^2 \qquad (1-111)$$

比较式（1-109）和式（1-111），可知 $v = \frac{u_{max}}{2}$，即圆管层流的平均流速为最大流速的一半，如图 1-24（b）所示。

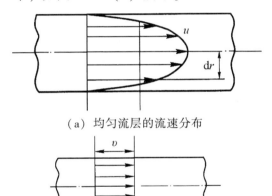

（a）均匀流层的流速分布

（b）平均流速

图 1-24　层流速度分布图

2. 圆管中的紊流分布

在紊流状态下，流体质点以无规则的相互混杂的形式流动，所以紊流实际上是不稳定流动，流体质点的流速随时间不断变化。通过实验仪器记录下某一质点在某一时间段内的流速及压力变化情况如图 1-25 所示。从图中可以看出紊流中流体质点经过某一固定点时，速度、压力等总是随时间变化的，而且毫无规律，这种现象称为脉动。从图中可以看出，流体质点运动的方向和大小时刻变化，且速度大小始终围绕着某一平均值 $\bar{u}$ 变化。于是，流体质点的真实速度 u 就可以看成是这个平均速度 $\bar{u}$ 与脉动速度 u' 之

和，即

$$u = \bar{u} + u' \tag{1-112}$$

其中，$\bar{u}$ 称为时均速度，它是瞬时速度一段时间 Δt 内的平均值，即

$$\bar{u} = \frac{1}{\Delta t} \int_0^{\Delta t} u \mathrm{d}t \tag{1-113}$$

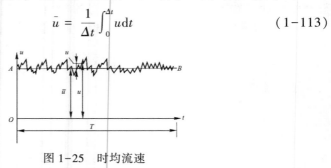

图 1-25　时均流速

同样，紊流中各质点的瞬时压力也可分为时均压力和脉动压力两部分：$p = \bar{p} + p'$，其中 $\bar{p} = \frac{1}{\Delta t} \int_0^{\Delta t} p \mathrm{d}t$ 为时均压力。

有了时均速度和时均压力的概念，紊流流动可以认为是同时间无关的稳定流。这样，前面所讨论的定常流动规律，如伯努利方程式等，对它也就适用了。但是，当研究紊流阻力时，则必须考虑质点混杂运动和能量交换的问题。

通过实验得知，紊流的结构和流动速度分布如图 1-26 所示，图中紊流的结构分为层流边层、过渡层和紊流核心区三个部分。靠近壁管一层的层流边层流速很小或接近于零，故此区流动状态属于层流。层流边层向紊流核心区过度的区域即过度层。紊流的主体是紊流核心区。

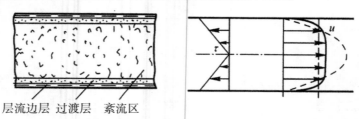

层流边层　过渡层　紊流区

图 1-26　紊流的结构和流动速度分布

图 1-26 中，层流边层与过渡层内，流速为抛物线分布；紊流核心区由于质点的相互剧烈混杂，各个质点的速度被匀化了，因此速度梯度较小，速度大致按对数曲线分布，流速缓慢增加到轴心部的最大速度。

紊流状态下，断面上的平均流速与最大流速 $u_{\max}$ 的关系是随着雷诺数的

增加而改变的。当 $Re = 2700$ 时，$\dfrac{u}{u_{\max}} = 0.75$；当 $Re = 10^6$ 时，$\dfrac{u}{u_{\max}} = 0.86$；当 $Re = 10^8$ 时，$\dfrac{u}{u_{\max}} = 0.9$。随着雷诺数继续增大，$\dfrac{u}{u_{\max}}$ 渐渐接近于 1，此时时均流速与平均速度也十分接近。

1.4.2 流体的能量损失

1.4.2.1 流动阻力与能量损失

不可压缩的流体在进行流动时，流体自身的部分机械能要用来补偿流体之间发生相对运动所做的功、流体与固体边壁之间摩擦所做的功，这些能量不可逆地转化为了热能。流体的黏滞性和惯性以及固体边壁对流体的阻滞作用和扰动作用均会对引起流体能量损失的阻力大小产生影响。

液体和气体的能量损失表示方法不同。对于液体，通常用单位重量液体的能量损失来衡量，称为水头损失，用 h_w 来表示，具有长度的量纲；对于气体，则常用单位体积的气体的能量损失来衡量，称为压力损失，用 Δp 来表示，具有压强的量纲。二者之间的关系为 $\Delta p = \rho g h_w$。

流体在沿固体流道的流动过程中，根据其接触的边壁沿程是否变化，能量损失有两种形式，即沿程损失和局部损失，下面分别论述这两种形式的能量损失：

（1）沿程阻力及损失。在边壁沿程不变的管段上，如图 1-27 所示的 1、2、3、4 管段，流动阻力规律沿程也基本不变，则称这类阻力为沿程阻力。克服沿程阻力引起的能量损失称为沿程损失，用 h_f 或 Δp_f 表示。流程损失主要是流体的黏滞力而造成的，此外，流体的流动状态也会影响流程损失。图中的 h_{f1}、h_{f2}、h_{f3}、h_{f4} 就是 1、2、3、4 段的沿程水头损失。由于沿程损失沿管段均匀地分配，即与管段的长度成正比，所以也称为长度损失。

（2）局部阻力及损失。在边界急剧变化的区域，阻力主要集中在该区域内及其附近，这种集中分布的阻力称为局部阻力。克服局部阻力引起的能量损失称为局部损失，用 h_j 或 Δp_j 表示。流体速度分布急剧变化、流体微团的碰撞及流体中产生的漩涡等均会导致局部损失的产生。如图 1-27 中的管道进口、变径管和阀门等处，都会产生局部阻力。

由于流体运动时克服黏性切应力而做功引起了沿程损失和局部损失。

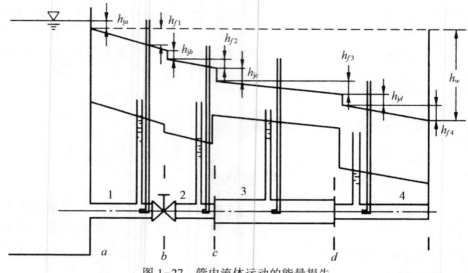

图 1-27　管内流体运动的能量损失

所不同的是，在水流流经局部阻力之处，速度分布发生改变并往往产生旋涡区。旋涡区的存在，加剧了流体质点间相互摩擦和撞击，以致在很短的流段内引起了程度不同的能量损失。所以，在出现局部阻力的地方，总水头将会突然下降。流体流经的整个管路，其总的水头损失将等于各管段的沿程损失和各局部损失之和，即

$$h_w = \sum h_f + \sum h_j \qquad (1-114)$$

图 1-27 中的管路系统，其能量损失为

$$h_w = h_{f1} + h_{f2} + h_{f3} + h_{f4} + h_{ja} + h_{jb} + h_{jc} + h_{jd} \qquad (1-115)$$

1.4.2.2 圆管中流体运动沿程损失

圆管中的流体运动状态分为层流运动和紊流运动两种，这两种形式的流体运动都存在着一定得沿程损失，下述分别为其计算方法。

1. 层流运动的沿程损失

根据式 $v = \dfrac{\rho g J}{8\mu} r_0^2 = \dfrac{\rho g J}{32\mu} d^2$，有

$$h_f = Jl = \dfrac{32\mu v}{\rho g d^2} l \qquad (1-116)$$

该式从理论上证明了层流沿程阻力损失和平均流速一次方成正比，这与实验结果一致。

将式（1-116）改写成沿程阻力损失的一般形式，即

$$h_f = \frac{32\mu v}{\rho g d^2}l = 64\frac{\mu g}{\rho g v d}\frac{l}{d}\frac{v^2}{2g} = \frac{64}{\dfrac{vd\rho}{\mu}}\frac{l}{d}\frac{v^2}{2g} \qquad (1-117)$$

由于

$$Re = \frac{vd\rho}{\mu} = \frac{vd}{\nu} \qquad (1-118)$$

所以

$$h_f = \frac{64}{Re}\frac{l}{d}\frac{v^2}{2g} \qquad (1-119)$$

令

$$\lambda = \frac{64}{Re} \qquad (1-120)$$

则有

$$h_f = \lambda\frac{l}{d}\frac{v^2}{2g} \qquad (1-121)$$

式中，h_f 表示流段的沿程水头损失，单位为 m；l 表示流段的长度，单位为 m；d 表示圆管的直径，单位为 m；v 表示断面平均流速，单位为 m/s；λ 表示沿程阻力系数。

式（1-121）称为达西（Darcy）公式，它除了把沿程水头损失表示为管长、管径和流速的函数关系以外，更重要的是它用沿程阻力系数 λ 来反映影响沿程水头损失的诸多因素，这样就把沿程水头损失的计算问题归结为求沿程阻力系数的问题。也就是说，只要通过理论或实验的方法求出各种管路的 λ 值，然后代入式（1-121）中，就可以算出相应的沿程水头损失。

根据式（1-121），对于气体管道工程，相应的沿程压头损失的计算公式为

$$\Delta p_f = \rho g h_f = \lambda\frac{l}{d}\frac{\rho v^2}{2} \qquad (1-122)$$

式中，Δp_f 表示流段的沿程压头损失，单位为 Pa；ρ 表示流体的密度，单位为 kg/m³。

2. 紊流运动的沿程损失

根据均匀流动基本方程式，沿程水头损失为

$$h_f = \frac{\tau l}{\rho g R_h} \qquad (1-123)$$

应用上式计算紊流的沿程水头损失时，必须求出相应的切应力。由前面分析可知，紊流中的切应力包括黏性切应力和紊流附加应力（惯性切应力）两部分。

紊流附加应力的计算多以普朗特混合长度理论为基础，其表达式为

$$\tau_2 = \rho l^2 \left| \frac{du}{dy} \right| \frac{du}{dy} = \rho l^2 \left(\frac{du}{dy} \right)^2 \qquad (1-124)$$

其中，l 表示混合长度，按照普朗特的假设，它表示流体质点在脉动过程中第一次与其他质点相撞时，在垂直主流方向（y 轴）所走过的路程。因此，紊流中的切应力为

$$\tau = \tau_1 + \tau_2 = \mu \frac{du}{dy} + \rho l^2 \left(\frac{du}{dy} \right)^2 \qquad (1-125)$$

实验指出，在紊流充分发展的区域内，附加切应力远大于黏性切应力，也就是说紊流切应力主要是附加切应力。将式（1-125）运用于圆管紊流，可以从理论上证明圆管紊流断面上流速分布规律为对数分布，其方程可写为

$$u = \frac{1}{\beta} \sqrt{\frac{\tau_0}{\rho}} \ln y + C \qquad (1-126)$$

式中，β 表示卡门通用常数，由实验方法确定；C 表示积分常数，由实验方法确定。

式（1-125）中的混合长度是未知的，要根据具体问题做出新的假设，结合实验结果才能确定。普朗特关于混合长度的假设有局限性，但在一些紊流流动中应用普朗特半经验理论所获得的结果与实践比较吻合。

普朗特根据动量传递理论导出的紊流附加切应力的函数关系，在理论上还有某些不够严谨的地方，因此还不能作为推导紊流沿程阻力损失计算公式的依据。所以，紊流的切应力一般要通过实验研究来加以确定。根据大量的实验研究发现，断面平均流速 v、水力半径 R_h、流体密度 ρ、流体的动力黏度 μ 以及管壁绝对粗糙度 Δ 等因素影响着紊流的切应力 τ。通过综合分析证明，紊流切应力 τ 的函数关系可表示为

$$\tau = \frac{\lambda}{8} \rho v^2 \qquad (1-127)$$

将式（1-127）代入式（1-123）得

$$h_f = \lambda \frac{l}{4R_h} \frac{v^2}{2g} \qquad (1-128)$$

由于圆管压力流的水力半径 $R_h = \dfrac{d}{4}$，所以圆管压力流紊流的沿程水头

损失为

$$h_f = \lambda \frac{l}{d} \frac{v^2}{2g}$$ （1-129）

对于气体管道工程，相应的沿程压头损失计算式为

$$\Delta p_f = \rho g h_f = \lambda \frac{l}{d} \frac{\rho v^2}{2}$$ （1-130）

第 2 章　流体机械及其分类与应用

　　流体机械是以流体或流体与固体的混合体为对象进行能量转换、处理，包括提高其压力并对其进行输送的机械。我们生产生活中的多个方面都与流体机械有关，如流体机械中的泵和风机被广泛地应用于许多领域。例如，船舶上水和油的输送；人们日常生活中的采暖、通风、给水、排水；航空航天事业中的卫星上天、火箭升空和超音速飞机的翱翔蓝天；农业中的排涝、灌溉；石油工业中的输油和注水；其他工业比如化学工业中高温、腐蚀性流体的排送等都离不开泵与风机。因此，开展流体机械理论和应用方面的研究是十分必要的。

2.1　流体机械的定义

　　流体机械是指以流体（液体或气体）为工作介质与能量载体的机械设备，流体机械的工作过程是流体与机械之间相互交换能量或者不同的流体之间相互传递能量的过程。

　　人们生活和工程中会遇到各种各样的流体机械，可是要问到底什么是流体机械，却未必能给出准确的回答。有人说，有流体参与的机械都是流体机械，这显然是不正确的，如一台水泵是流体机械，可是一个水闸，虽然有的也是庞然大物，却不能称之为流体机械；一台锅炉，虽然也是大型装置，工作中又离不开水、蒸汽等流体物质，加热过程中还包含有能量交换过程，可它是一个热能动力装置，也不属于流体机械的范畴。

　　可以这样说，流体（液体或气体）介质和机械构件（如叶轮、活塞等）——在个别情况下可以是另一工作流体（如在射流泵中，此时工作流体可视为一个流体构件），在一个共容的特定腔室或空间里，通过相互的作用与反作用，实现机械功—能量的交换、传动的机械装置称为流体机械。流体机械工作过程中虽然会伴随某种热力发生，但这并不是机械的基本性能。按照这样的认识，汽轮机、燃气轮机、内燃机等机械的工作，虽然也有与流体机械类似的作用过程，但它们是以热能与机械能的转换为主，属于热力发动机的一类动力机械。

2.2　流体机械的分类

人们日常生活中所用的空调、涡轮机等都属于流体机械，流体机械种类繁多，依据不同，流体机械可以有不同的分类方式。

2.2.1 按能量传递方式分类

流体机械按照能量的传递方式可以分为流体能机、流体动力机和流体力传动机：

（1）流体能机。常见的流体能机包括泵、风机和压缩机等，它可将流体从低位或者低压的位置传输到高位或高压空间中、能够将机械能转换成流体的能量、能够克服流体运输过程中的阻力，进行远距离的输送。

（2）流体动力机。流体动力机用于将流体的能量转换成机械能，以驱动其他设备，如涡轮机、水轮机、风力发电机、蒸汽轮机和燃气轮机等。

（3）流体力传动机。流体力传动机是以流体为传动介质，将机械能转换为传动介质的能量，再通过循环控制系统将传动介质的能量转换为机械能，用来作为机械动力的传输、变换装置。液力传动机械、液压传动机械及气压传动机械是流体力传动机的三种类型。这类机械属于隐态流体机械，它的对外输入、输出接口没有流体接口，只有机械接口。

2.2.2 按流体介质分类

一般情况下，将具有良好流动性的气体和液体统称为流体。在某些情况下又有不同流动介质的混合流体，如气固、液固两相流体或气液固多相流体。流体机械的工作机可以使气体或液体的压力提高、对气体或液体进行输送、还可以分离多种流体介质。按流体介质来分，流体机械包括压缩机、泵和分离机。

2.2.3 按流体机械结构分类

流体机械按照结构可以划分为往复式结构的流体机械和旋转式结构的流体机械两种。

（1）往复式结构的流体机械。往复式压缩机、往复式泵等都属于往复式流体机械。这种机械主要是通过工作腔中做往复运动的活塞来实现流体提压，而活塞的往复运动是靠做旋转运动的曲轴带动连杆，进而驱动活塞来实现的。这种结构的流体机械具有输送流体的流量较小而单级压升较高的特点，一台机器就能使流体上升到很高的压力。

（2）旋转式结构的流体机械。回转式、叶轮式（透平式）的压缩机和泵以及分离机等都属于旋转式结构的流体机械。这种流体机械通过转轮、叶轮或转鼓的运动实现能量交换从而使流体压力提高或分离，该旋转件可直接由原动机驱动。这种结构的流体机械具有输送流体的流量大而单级压升不太高的特点。为使流体达到很高的压力，机器需由多级组成或由几台多级的机器串联成机组。

2.2.4 按应用领域分类

人们除了按照上述几种方式来对流体机械进行分类外，通常还会根据使用场合对其进行分类，如水力机械有水轮机、水斗、水波轮等；汽轮机械有蒸汽轮机、废气轮机、燃气轮机等；化工机械有压缩机、泵、制冷机等；通风机械有通风机、鼓风机、风扇等；透平机械有涡轮机、透平压缩机、飞机发动机等；液压机械有液压泵、液压马达、液压缸等；液力机械有液力变矩器、液力偶合器、液力制动器等。

2.3 流体机械的典型结构

流体机械种类繁多、应用面广，对国民经济的发展有着至关重要的作用。但是，流体机械在实际应用过程中经常会遇到冲蚀磨损、空蚀和腐蚀等情况，严重影响机械的使用效率和使用寿命。流体机械安全可靠性能的研究除了要对内部流场分析外，还应该对机械结构特性进行研究。

2.3.1 泵的结构

2.3.1.1 轴流泵的结构

轴流泵是一个形似水管，泵壳直径与吸水口直径相似的泵体，其安装方式有三种：垂直安装（立式）、水平安装（卧式）和倾斜安装（斜式）。目前使用较多的是立式轴流泵。采用立式结构可使泵本体叶轮部分直接安装在水池液面以下，启动十分方便。立式轴流泵的安装方式分为共座式和分座式两种。立式轴流泵的主要零件有喇叭管、叶轮、导叶、出水弯管、泵轴、轴承、填料函等，分述如下：

（1）喇叭管。喇叭管是用铸铁造成的中小型的立式轴流泵吸水室，可以将水以最小的损失均匀地引向叶轮。喇叭管的进口部分呈圆弧形，进口直径约为叶轮直径的 1.5 倍。在大型轴流泵中，吸水室通常做成流道形式。

（2）叶轮。叶轮包括叶片、轮毂、导水锥等部件，由优质铸铁和铸钢制成轴流泵的主要工作部件。轴流泵的叶片一般为 2～6 片，在轮毂上呈扭曲形状。根据叶片调节的可能性分为固定式、半调节式和全调节式三种。固定式的叶片和轮毂铸成一体，叶片的安装角度是不能调节的。图 2-1 所示为半调节式的叶片用螺母栓紧在轮毂上的构造。在叶片的根部上刻有基准线，而在轮毂上刻有几个相应安装角度的位置线，如 + 4°、+ 2°、0°、- 2°、- 4° 等。

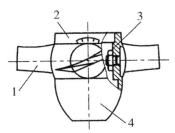

图 2-1　半调节叶片的叶轮

1—叶片；2—轮毂；3—调节螺母；4—导水锥

（3）导叶。导叶固定在叶轮上方的导叶管上，它可以将从叶轮中流出的水流的旋转运动转变为轴向运动。一般轴流泵中有 6～12 片导叶。圆锥形导叶管能够降低水流速度，这样既能将部分水流的动能转为压力能，又能使水头损失减少。

（4）泵轴和轴承。泵轴是上连联轴器和传动轴，下连叶轮的碳素钢制部件。中小型轴流泵泵轴是实心的。对于大型轴流泵，为了布置叶片调节机构，泵轴做成空心的，轴孔内安置操作油管或操作杆。按轴承功能不同，轴流泵可分为导轴承轴流泵和推力轴承轴流泵。导轴承用来承受转动部件的径向力，起径向定位作用。常用的结构有水润滑橡胶导轴承和油润滑导轴承两种。推力轴承的主要作用是在立式轴流泵中，用来承受水流作用在叶片上的方向向下的轴向推力、水泵转动部件重量以及维持转子的轴向位置，并将这些推力传到机组的基础上去。

（5）填料函。填料密封装置一般装在泵轴穿出出水弯管的地方，它是由填料盒、填料和填料压盖等零件组成的，其结构类似于离心泵的填料函。

轴流泵具有流量大、扬程低、结构简单、重量轻的特点。立式轴流泵叶轮安装于水下，启动时无需引水，操作方便；叶片可以调节，当工作条件变化时，只要改变叶片角度，仍可保持在较高效率区运行。

2.3.1.2 离心泵的结构

国民经济的多个领域在生产中都离不开离心泵，离心泵通过原动机带动叶轮进行高速旋转，流体在高速旋转的叶轮中获得能量而被甩出。此时，叶轮内产生真空，水池中的水因此被压入叶轮，再次获能。离心泵有多种分类，如根据轴的位置将其分为卧式离心泵和立式离心泵等，每种离心泵因其作用不同而有不同的结构组成，但其主要零部件却具有共性，包括叶轮、泵体、泵轴、密封环、轴封机构和轴向力平衡机构，其作用分别如下：

（1）叶轮是用来将来自原动机的能量传递给液体的零件，流体经过叶轮后能量有所增加。

（2）泵体包括吸水室和压水室两部分，吸水室可将流体平顺均匀地引入叶轮，压水室则可以最小的损失将从叶轮中流出的液体收集起来。

（3）离心泵中起支承和带动叶轮旋转的部件为泵轴，泵轴的一端用键和叶轮螺母固定叶轮，另一端装联轴器与电动机连接。

（4）密封环用来减少离心泵中高压区的液体流向低压区。

（5）轴封结构既可减少有压力的液体流出泵外，又可防止空气进入泵内。

（6）轴向平衡机构可平衡运行中的离心泵由于作用在转子上的力不平衡而产生的轴向力，可保证离心泵平稳正常运转。

关于离心泵的具体结构将在第 3 章进一步讨论。

2.3.1.3 混流泵的结构

混流泵是介于离心泵与轴流泵之间的一种泵，它是靠叶轮旋转使水产生的离心力和叶片对水产生的推力双重作用进行工作的。按照结构形式的不同，混流泵可以分为蜗壳式混流泵和导叶式混流泵两种。一般中小型泵多为蜗壳式，大型泵为蜗壳式或导叶式。

卧式蜗壳式混流泵结构类似于单级单吸卧式离心泵，不同之处在于混流泵的叶片出口边倾斜，流道比较宽。另外，在运行时，水流在叶轮中的流动方向也不一样。在离心泵内水径向流出叶轮，在轴流泵内水近于轴向流出叶轮，而在混流泵内则是斜向流出叶轮，因此混流泵又称斜流泵，如图 2-2 所示。除上述不同外，混流泵的蜗壳较离心泵大，泵体下面设有基础地脚座来支承稳固泵体，其结构如图 2-2 所示。

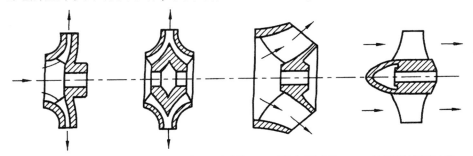

（a）单吸离心泵叶轮（b）双吸离心泵叶轮（c）混流泵叶轮（d）轴流混流泵叶轮

图 2-2 混流泵叶轮

立式导叶式混流泵结构与立式轴流泵很相似。混流泵的特点是：流量比离心泵大，但比轴流泵小；扬程比离心泵低，但比轴流泵高；泵的高效率区范围较轴流泵宽广；流量变化时，轴功率变化较小，有利于动力配套；汽蚀性能好，能适应水位的变化；结构简单，使用维修方便。

2.3.2 离心式通风机的结构

离心式通风机一般由叶轮、进风口集流器、机壳和传动轴组成，各部分组成分述如下。

（1）叶轮。叶轮是离心式通风机的关键部件，它由前盘、后盘、叶片和轮毂等零件焊接或铆接而成。前盘的几何形状包括平前盘、锥形前盘和弧形前盘等几种，如图 2-3 所示。平前盘叶轮因气流进入叶道时转弯过急，因此损失较大，但叶轮制造工艺简单。弧形前盘叶轮因气流流动无突变，损失小，效率较高，但制造工艺较复杂。锥形前盘叶轮的效率、工艺性均居中。根据叶片出口安装角不同，叶片可分为前弯、径向和后弯三种。大型通风机均采用后弯叶片，出口安装角在 15°～72° 之间。

叶片的形状大致可分为平板形、圆弧形和机翼形几种。新型风机多为机翼形，叶片数目一般为 6～10 片。我国生产的 4-72 型和 4-73 型离心式通风机采用弧形前盘和机翼形后弯叶片，叶片出口安装角为 15°～45°，叶片数目为 10 片左右。

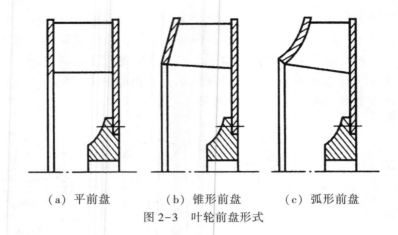

（a）平前盘　　　　（b）锥形前盘　　　　（c）弧形前盘

图 2-3　叶轮前盘形式

（2）集流器。离心式通风机一般均装有进风口集流器（也称集风器），它的作用是保证气流均匀、平稳地进入叶轮进口，减少流动损失和降低进口涡流噪声。

集流器有筒形、锥形、弧形与组合形等几种形式。集流器的性能可根据气流充满叶轮进口处的均匀程度来判断。因此，设计时集流器的形状应尽可能与叶轮进口附近气流形状相一致，避免产生涡流而引起流动损失和涡流噪声。从流动方面比较，通常认为锥形比筒形好，弧形比锥形好，组合形比非组合形好；从进气口形式对涡流影响程度可知，采用锥弧形集流器（因其接近流线型也称流线体）的涡流最小。锥弧形集流器由锥形的收敛段、过渡段和近似双曲线的扩散段三部分组成。气流进入集流器后，首先是缓慢加速，在喉部形成高速气流，然后均匀扩散充满整个叶轮流道。从制造工艺上比较，筒形较简单，而流线型较复杂。目前的大型离心式通风机上多采用弧形或锥弧形集流器，以提高风机效率和降低噪声。中、小型离心式通风机多采用弧形集流器。

集流器与叶轮间存在着间隙，其形式可分为径向间隙和轴向间隙两种。径向间隙气体的泄漏不会破坏主气流的流动状态；轴向间隙因气体泄漏与主气流相垂直会影响主气流的流动状态，因而选用径向间隙比较妥当，尤其对后弯叶轮来说更有必要，但这种结构的工艺较为复杂。

（3）机壳。机壳的作用是将叶轮出口的气体汇集起来，导到通风机的出口，并将气体的部分动压转变为静压。离心式风机机壳的工作原理与离心式水泵机壳的工作原理相同，结构上也是由一个截面逐渐扩大的螺壳形流道和一个扩压器组成，如图 2-4 所示。机壳截面形状为矩形，扩压器向蜗舌方向扩散，出口扩压器的扩散角以 $\theta = 6° \sim 8°$ 为准，有时为了减少其长度，也可把其增至于 $10° \sim 12°$。离心式风机机壳出口附近设有蜗舌，其作用是防止部分气体在机壳内循环流动。蜗舌常见的结构形式有深舌、短舌、平舌三种，如图 2-4 所示。

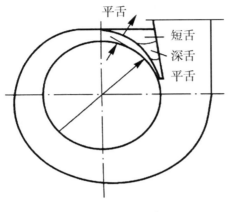

图 2-4　机壳形态

深舌多用于低比转数的风机，最大效率值较高，但效率曲线陡，噪声大；短舌多用于高比转数风机，效率曲线较平坦，噪声较低；平舌多用于低压低噪声通风机，但效率有所降低。

（4）进气箱。进气箱一般应用于大型离心式通风机进口之前需接弯管的场合（如双吸离心式通风机）。因进气流速度方向变化，会使叶轮进口的气流很不均匀，故在进口集流器之前安装进气箱，可改善这种状况。进气箱通道截面最好做成收敛状，并在转弯处设过渡倒角，如图 2-5 所示。

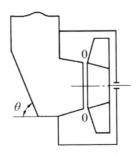

图 2-5　进气箱形状

（5）进口导流器。进口导流器又称为前导器。大型离心式风机为扩大使用范围和提高调节性能，在集流器前或进气箱内装设进口导流器，如图

2-6所示。进口导流器分为轴向［图2-6（a）］与径向［图2-6（b）］两种。借助改变导流器叶片的开启度，控制进气口大小、改变叶轮进口气流方向，以满足调节要求。导流叶片可采用平板形、弧形或机翼形。导流叶片数目一般为8～12片。

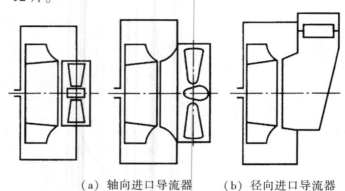

（a）轴向进口导流器　　　（b）径向进口导流器

图2-6　进口导流器示意图

2.3.3 空气压缩机的结构

2.3.3.1 活塞式空气压缩机的构造

1. 活塞式空气压缩机的整体构造

我国煤矿使用的活塞式空气压缩机多数为大型固定式空气压缩机，L型空气压缩机最为常见，如4L-20/8和5L-40/8等。4L-20/8型空气压缩机的结构图2-7所示。L型空气压缩机是两级、双缸、双作用、水冷、固定式空气压缩机。动力传动系统、压缩空气系统、冷却系统、润滑系统、调节系统和安全保护系统为其六大组成系统。

由L型空气压缩机结构图可看出，其主要系统的压气流程为：外界大气 → 滤风器 → 减荷阀 → 一级吸气阀 → 一级汽缸 → 一级排气阀 → 中间冷却器 → 二级吸气阀 → 二级汽缸 → 二级排气阀 →（后冷却器）→ 风包。动力传递流程为：电动机 → 三角皮带轮 → 曲轴 → 连杆 → 十字头 → 活塞杆 → 活塞。

2. 活塞式空气压缩机的主要部件

活塞式空气压缩机的部件按照功能可分为压缩机构、传动机构和填料装置，各部分的具体构成详述如下：

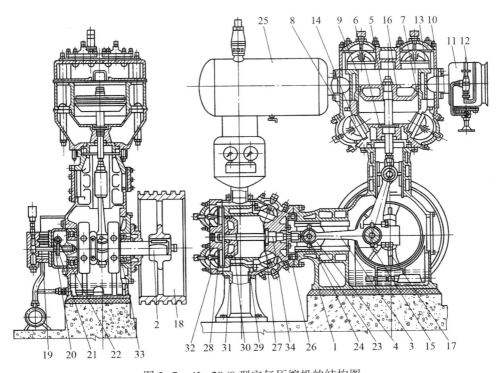

图 2-7   4L-20/8 型空气压缩机的结构图

1—机身；2—曲轴；3—连杆；4—十字头；5—活塞杆；6——级填料函；

7——级活塞环；8——级汽缸座；9——级汽缸；

10——级汽缸盖；11—减荷阀组件；12—负荷调节器；

13——级吸气阀；14——级排气阀；

15—连杆轴瓦；16——级活塞；17—螺钉；18—三角皮带轮；

19—齿轮泵组件；20—注轴器；21、22—蜗轮及蜗杆；

23—十字头销铜套；24—十字头销；25—中间冷却器；

26—二级汽缸座；27—二级吸气阀组；28—二级排气阀组；

29—二级汽缸；30—二级活塞；31—二级活塞环；

32—二级汽缸盖；33—滚动轴承组；34—二级填料函

（1）压缩机构。压缩机构由气缸、吸气阀、排气阀、活塞组件等构成，各部分的组成和功能如下：

1）气缸。气缸是组成活塞式空气压缩机压缩容积的主要部分。活塞在缸内往复运动压缩空气，使空气成为压缩气体。4L-20/8 型空气压缩机的气缸部件如图 2-8 所示。该气缸为水冷式双层壁气缸，缸壁外有冷却水套，在缸盖和缸座上各有 4 个气阀室，分别安装两个吸气阀和两个排气阀。各结合面有石棉胶垫，以保证密封。

2）气阀。气阀包括吸气阀和排气阀，它是空气压缩机最关键也是最容易发生故障的部件。4L-20/8 型空气压缩机低压汽缸的吸气和排气阀的两阀均为单层环状阀，它由阀座、阀片、阀盖、弹簧、连接螺栓和螺帽等组成。直径不同的一组同心圆环用筋相互连接构成阀座。为使阀片和阀座保持密封，阀座与阀片贴合面制有凸台，且圆环薄片状的阀片可以克服由阀片启闭频繁而导致的问题。

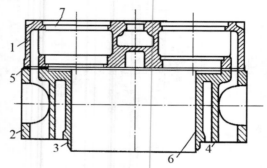

图 2-8　4L-20/8 型空气压缩机的气缸部件图

1—气缸盖；2—气缸体；3—气缸突肩；4—气缸装置面；

5—橡胶石棉垫；6—气缸镜面；7—气缸盖阀室

环状阀在工作时，阀盖上布置的小弹簧将阀片紧压在阀座的通气孔道上，吸气阀上部与进气管连接，下部装入汽缸内。气体膨胀过程中，活塞的运动使得缸内气压进一步降低，当弹簧的预压力小于缸内气压与进气管内的压力差时，空气通过阀片和阀座的间隙进入汽缸。吸气终止，缸内压力上升，当缸内压力与弹簧一起能将阀片抬起压回阀座上时，吸气阀关闭。排气阀的作用和吸气阀相似，但阀座和阀盖的位置正好和吸气阀相反，阀座下部通缸内，上部通缸外排气管，阀盖上的弹簧将阀片向下压在阀座的通气孔道上。当汽缸内压力高于排气管的压力，并且两者的压力差大于弹簧的压力时，阀片向上运动，压缩空气通过阀片与阀座的缝隙由缸内向外排气。排气完毕且当活塞向回运动时，缸内压力下降，排气阀的阀片被弹簧压回阀座，排气阀被关闭。

3）活塞组件。活塞组件包括活塞、活塞环和活塞杆，其结构如图 2-9 所示。活塞是活塞式空气压缩机中压缩机构的主要部件，活塞的往复运动对空气进行压缩做功。活塞环又称涨圈，作用是利用本身张力使环的外表

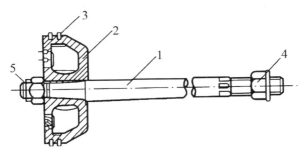

图 2-9　活塞组件

1—活塞杆；2—活塞；3—活塞环；4—螺母；5—冠形螺母

面紧贴在气缸镜面上，环的端面紧贴在活塞环槽的壁面上，以防止气体的泄漏。同时，还起布油和导热的作用，但它也是空气压缩机易损零件之一。活塞杆用 45 号钢锻造而成，杆身摩擦部分经表面硬化处理。

（2）传动机构。活塞式空气压缩机的传动方式均为曲线—滑块机构，包括机身、曲轴、连杆和十字头等部件，各部分具体构成分述如下：

1）机身。机身具有连接、支承、定位和导向等作用。一般情况下，用灰铸铁将机身与曲轴箱铸成一个整体，可拆的十字头滑道装在垂直和水平颈部，颈部端面以法兰与一、二级汽缸组件相连，机身相对的两个侧壁上，开有安装曲轴轴承的大小两孔，机身的底部是润滑油的油池。机身侧壁上装有安放测油尺的短管以方便观察和控制油池的油面。为了便于拆装连杆和十字头等部件，在机身后和十字头滑道旁，分别开有方形窗口和圆形孔，均用有机玻璃盖密封。整个机身用地脚螺栓固定在地基上。

2）曲轴。曲轴是由球墨铸铁造成的。它是活塞式空气压缩机的重要运动件，它接受电动机以扭矩形式输入的动力，并把它转变为活塞的往复作用力以压缩空气而做功。图 2-10 所示为 4L-20/8 型空气压缩机的曲轴，曲拐并列装有两根连杆。曲轴两端的主轴颈上各装有一盘 3622 型双列向心球面滚子轴承。轴的外伸端装有可以方便地装拆皮带轮或电动机转子的锥度。另一端插有传动齿轮液压泵的小轴，并经蜗轮蜗杆机构带动注油器。曲轴的两个曲臂上各装用来平衡旋转运动和往复运动产生的惯性力的平衡铁。曲轴上钻有油孔，以使液压泵排出的润滑油能通向各润滑部件。

3）连杆。连杆是可与将活塞上的推力传递给曲轴，并将曲轴的旋转运动转换为活塞的往复运动的部件。连杆的具体结构包括大头、大头盖、杆体、小头等部分。杆体呈圆锥形，内有贯穿大小头的油孔，从曲轴流来的

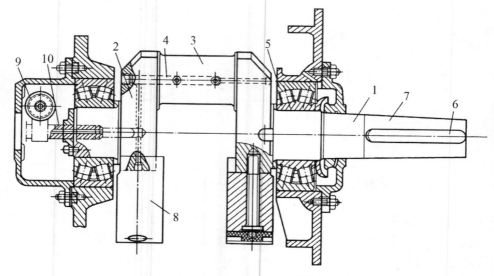

图 2-10　4L-20/8 型空气压缩机的曲轴
1—主轴颈；2—曲臂；3—曲拐；4—曲轴中心油孔；
5—双列向心球面滚子轴承；6—键槽；7—曲轴外伸端；
8—平衡铁；9—蜗轮；10—传动小轴

润滑油由大头通过油孔到小头润滑十字头销。连杆材料为球墨铸铁。

连杆大头采用剖分结构，大头盖与大头用螺栓连接，安装于曲拐上，螺栓上有防松装置。大头孔内嵌有巴氏合金衬层的大头瓦，其间有两组铜垫，借助铜垫可调整大头瓦和曲拐的径向间隙。在连杆小头孔中衬有铜套来减少摩擦，也便于更换。连杆小头瓦内穿入十字头销与十字头相连，可从机身侧面圆形窗口拆卸。

4）十字头。十字头是连接活塞杆与连杆的运动机件。十字头一般用灰铸铁构成。十字头在十字头滑轨上作往复运动，具有导向作用。十字头中用螺纹与活塞杆连接的一端可以通过改变螺纹与活塞杆的拧入深度调节气缸的容隙大小。两侧有装十字头销的锥形孔，十字头销用键固定在十字头上，并与连杆小头瓦相配合。油孔和油槽分别装在十字头销和十字头摩擦面上，由连杆流来的润滑油经油孔和油槽润滑连杆小头瓦和十字头摩擦面。

（3）填料装置。填料密封是用来阻止活塞杆与汽缸间发生气体泄漏的。目前空压机填料密封多使用金属密封。高压缸的金属密封结构如图 2-11 所示，主要是由垫圈、隔环、密封圈、挡油圈、弹簧等组成。两个垫圈和隔环分割成前后两室，前室（靠近汽缸侧）内放置两道密封圈；后室（靠近机架侧）放置两道挡油圈，防止传动系统的润滑油进入汽缸。

密封圈的三瓣等边三角结构中外缘沟槽内放有拉力弹簧将其扣紧，使它们的内圈面紧贴在活塞杆上，当内圈磨损后，借助弹簧的力量，使密封圈自动收紧，确保密封。密封室内有两个切口方向相反的密封圈，在放置时切口是互相错开的。

挡油圈的结构形式与密封圈相似，两者的区别在于挡油圈内环处设置方便将活塞杆上的油刮下来不使其进入汽缸的斜槽。

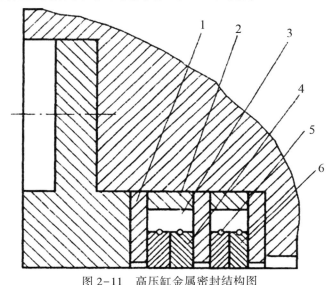

图 2-11　高压缸金属密封结构图

1—垫圈；2—隔环；3—小室；4—密封圈；5—弹簧；6—挡油圈

2.3.3.2 螺杆式空气压缩机的构造

按照使用流体的种类，螺杆式空气压缩机可以分为喷油螺杆空气压缩机和无油螺杆空气压缩机。本书主要论述喷油螺杆空气压缩机的构造。

喷油螺杆空气压缩机分为固定式和移动式两类，其主机的结构设计基本相同。喷油螺杆空气压缩机的机体不设冷却水套，转子为整体结构，内部不需冷却，压缩气体所产生的径向力和轴向力都由滚动轴承来承受。排气端的转子工作段与轴承之间有一个简单的轴封，通过在机壳或轴上开出凹槽，并向里边供入一定压力的密封油，即可很好地起到密封作用。另外，在喷油螺杆空气压缩机中没有同步齿轮，通常也不设容积流量调节滑阀和内容积比调节滑阀。

通常，喷油螺杆空气压缩机的小齿轮直接安装在转子轴上，大齿轮可以安装在两端用轴承支承的另外一根轴上，也可以直接装在原动机轴的末端。图2-12为LGY-12/7型及LGY-17/7型喷油螺杆空气压缩机的主机结构。这两种压缩机采用内置的增速齿轮驱动阳转子。通过采用不同的增速齿轮，就可方便地得到具有不同容积流量的压缩机。在转子的排气端采用面对面配对安装的单列圆锥滚子轴承，同时承受压缩机中的径向力和轴向力，并使转子双向定位。机体由吸气端盖、汽缸和排气端盖三部分组成，在吸气端盖上设有轴向吸气孔口，而在汽缸上的径向吸气孔口部位，则设计了缓冲空间。同时采用轴向和径向排气孔口，分别开设在排气端盖和汽缸上。另外，在外伸轴处设有可靠的油润滑机械密封。

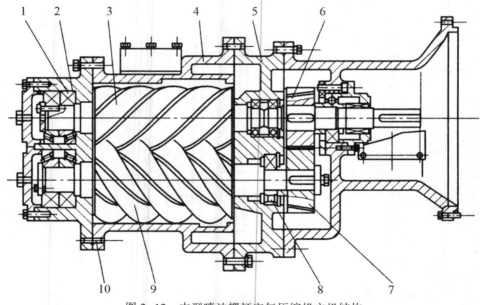

图2-12　中型喷油螺杆空气压缩机主机结构
1—圆锥滚子轴承；2—排气端盖；3—阴转子；
4—汽缸体；5—吸气端盖；6、7—增速齿轮；
8—圆柱滚子轴承；9—阳转子；10—定位销

　　LGY-17/7型喷油螺杆空气压缩机的主要技术参数为：阳转子直径262.5mm，阴转子直径210mm；转子长度375mm；转速1800r/min；吸气压0.1MPa，排气压力0.8MPa；排气温度小于100℃，排气量17m³/min；轴功率100kW；冷却方式为风冷；驱动方式为原动机通过压缩机内藏增速齿轮直联驱动。

2.4　流体机械的应用

随着经济的发展，流体机械已被广泛地应用于国民经济的各个部门，而且随着科学技术的发展，流体机械将被更多地使用。现代电力工业中，绝大部分发电量是由叶片式流体机械（汽轮机和水轮机）承担的，其中汽轮机约占 3/4，水轮机约占 1/4，总用电量中，约 1/3 是用于驱动风机、压缩机和水泵的。科学技术的不断发展要求流体机械的性能和可靠性也相应的提升。下面将对流体机械在电力工业、水利工程、化学工业、石油工业等领域的应用进行论述。

2.4.1 电力工业

热力发电（火电）、水力发电和核能发电是电力生产的三种主要方式。无论是哪种方式，都离不开流体机械的作用。

火电站和核电站中使用的流体机械包括主机的汽轮机、泵、风机等。在火电站的蒸汽动力装置中，包括锅炉给水泵、凝结水泵、循环水泵、送风机和引风机等，在燃气动力装置中则要用到空气压缩机等。电站用泵随着发电机组的大型化，也在朝着大型和高参数方向发展。目前最大的锅炉给水泵的功率已达 49.3MW，扬程达 300m。在核电站中，除了二次蒸汽回路中需要与火电站基本相同的泵以外，一次回路中的主循环泵是一次系统中唯一的回转机械，它工作在高温高压的环境下，是核电站的关键设备之一。此外，核电站的安全系统、容积控制系统、废料处理系统中也都要使用多种类型的泵。

火电站厂与核电站厂在驱动水泵和风机等辅机时会用到大量的电，目前我国热电站的工厂用电约占发电量的 12%，而发达国家的工厂用电只占 4%～4.5%，可见提高辅机的效率对于节能有非常重要的意义。此外，由于汽轮发电机组不断向大容量、单元制发展，泵和风机的可靠性就显得尤为重要。

水轮机作为水力发电的主要设备，在电力工业中占有特殊的地位。石化燃料具有资源有限、导致环境污染的缺陷，因此一个民族的可持续发展必然要开发清洁可再生能源（水能、太阳能、风能、海洋能等）。目前，水力资源是唯一可以大规模开发的清洁可再生能源，而且开发水力资源还能收到防洪、灌溉、航运、水产养殖和旅游等综合利用的效益。据统计，全世界水力资源的总蕴藏量为 $38 \times 10^5 MW$，已开发的仅约 10%；我国可开发的水力资源蕴藏量为 $3.78×10^5$ MW，约占世界总量的 10%，目前已开发和正在开发的占可开发量的 25%。我国已经建设了世界上最大的水电站。而且，在今后的发展中，国家也会越来越重视对水力资源的开发。

在电力系统的调节过程中，水电站发挥着重要的作用，这主要是由于水轮发电机组简单快速的功率调节特性。由于核电站的负荷不便于调节，太阳能、风能、海洋能等新能源具有不稳定的特点，在开发这些能源时，都需要兴建抽水蓄能电站以保证系统的正常运行，因此蓄能机组研发和生产越来越受到人们的重视。

2.4.2 水利工程

我国的人均水资源占有量只有世界平均水平的 1/4，而且时空分布极不均匀，水利工程对我国来说尤为重要。水利工程中的灌溉排涝和供水都需要相应容量的泵。据统计，我国排灌机械的配套功率在 20 世纪 80 年代已达57000MW，这虽然是一个很大的数字，但却远远没有达到解决我国灌溉和排涝问题所需的量。

我国水资源问题的解决需要从开源和节流两个方面入手。我国已经发展了喷灌、滴灌等节水灌溉技术，这些技术的发展离不开各种泵。在开源方面，国家已经并将继续建设许多大型水利工程，如引黄灌溉工程、南水北调工程等。其中南水北调工程已进行了长期的规划，工程总体规划推荐西线、中线和东线三条调水线路，即分别从长江流域上、中、下游调水，以适应西北、华北各地的经济发展需要。预计到 2050 年，东线调水量为148 亿 m^3，中线为 130 亿 m^3，西线为 170 亿 m^3，三条线调水总规模达448 亿 m^3，这会在很大程度上改善我国北方缺水问题，改善水资源南多北少的局面。

2.4.3 化学工业

化学工业流程中的反应原料、中间产品多数是液体或气体或以溶液、熔液形态参与的固体物料，这些物质的传输离不开被誉为化工厂心脏的输送泵和压缩机。现代化工装置日益大型化，对泵和压缩机的要求也越来越高。化工流程中使用的泵和压缩机经常需要输送特殊的介质，如高温或低温、高压、易燃、易爆、剧毒、易结晶、易汽化或分解的介质等，这对泵和压缩机的设计、制造提出了特殊的要求。

2.4.4 石油工业

流体机械在石油和天然气的钻井工程中发挥着重要的作用。钻井工程需要使用泥浆泵来循环钻井工程中所需要的液体泥浆，借以排出井中钻具破碎的岩屑；定向钻井、水平井使用由循环泥浆驱动的井下涡轮钻具；在智能寻向找油气钻井技术上，使用由循环泥浆驱动的涡轮发电机为井下探测器提供电源。泵和压缩机被广泛应用于石油和天然气的开采、运输、加工过程。一些适用特殊要求的高科技产品也离不开泵和压缩机。例如，油田注水泵用于向油层中注水，可以提高油层压力，实现原油自喷；在海洋油田，注气压缩机使用不能直接利用的油田伴生气代替水，注入油层以提高压力。

一些特殊环境下，如沙漠和海洋油田中，需要具有某些特殊性能泵和压缩机。例如，从很深的油井中将原油输送到地面所用到的潜油泵，由于受井径的限制，叶轮直径很小，为达到所需的扬程，泵的级数可达数百个。在输送沙漠原油时，由于输送油中混有砂子，即输送物为固液混合物，因此要求输送设备具有较好的耐磨性。

2.4.5 钢铁工业

在钢铁的冶炼过程中需要大量的空气和氧气支持燃烧，需要使用大量的风机，如用于向大型高炉中送风的高炉鼓风机、纯氧顶吹转炉中输送高压氧的氧气压缩机等。冶金技术的发展要求冶金设备不断更新，此外生产过程中对水的处理设备也需要数量庞大的泵体。

2.4.6 生物医学工程

动物体内的液体（如血液）及气体（如空气）的循环流动是生命活动的最重要的内容之一。各种心脏病发展到最后将会导致心脏泵功能的衰竭，直接威胁到人的生命。现代生物医学工程中的心脏辅助装置采用人造血泵代替心脏泵部分功能，为衰竭器官提供动力。目前人们还没能造出性能如此完美的血泵，但在众多研究者的共同努力下，这一目标正在接近。发展和完善植入心脏辅助装置的性能，可能会代替心脏移植而成为挽救心脏病人的有效方法，而且对非晚期心衰病人的治疗也有很大的帮助。

2.4.7 其他

流体机械的应用领域十分广阔，除以上列举的一些例子外，其他重要的应用也不胜枚举。例如，环境工程中的采暖、通风、空调和污水处理、空气净化，船舰的动力装置及喷水推进，轻工业和食品工业中各种浆料和固液混合物的输送，用压缩空气输送粮食、型砂等物料，各种机械设备、舰船、飞机、火箭控制系统的液压和气动装置等，都是应用流体机械的实例。也就是说，在生产生活领域中，凡是涉及流体流动的地方都离不开泵、风机和压缩机等流体机械。

第3章 离心泵的结构与性能分析

离心泵是一种叶片泵，叶轮在旋转过程中，由于叶片和液体的相互作用，叶片将机械能传给液体，使液体的压力能增加，达到输送液体的目的。泵输送液体的种类繁多，可以输送水、油液、酸碱液等。离心泵在国民经济中发挥着重要的作用，被应用于多个领域。在化工和石油部门的生产中，原料以及产品的运输离不开离心泵的作用；农业生产中的主要排灌机械是离心泵；矿业和冶金行业中的排水系统需要使用离心泵；核电站的运行中有核主泵、二级泵、三级泵等泵体。总之，我们日常生活中到处都会用到离心泵，因此我们有必要了解这种通用机械的一些基本性能，从而使其更好地为我们的生活服务。

3.1 离心泵的分类与型号

离心泵作为一种通用机械，已被广泛地应用于人类生活和生产的多个领域中。不同行业需要不同类型、不同型号的离心泵，因此在学习离心泵的性能前，需要了解离心泵的分类和型号。

3.1.1 离心泵的分类

离心泵的结构形式可按轴的位置分为卧式和立式两大类。根据压出室形式、吸入方式和叶轮级数的不同，离心泵有多种分类方法，具体如图3-1所示。

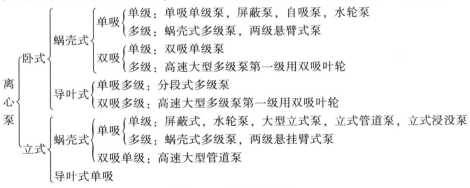

图 3-1 离心泵的分类

3.1.2 离心泵的型号

为了区别不同种类、结构、用途及性能的泵，给它们编制一个记号，即型号。泵型号的表示方法有很多，我国泵的型号一般用汉语拼音字头和有关数字来表示：用汉语拼音字头来表示泵的种类、结构或用途；用数字来表示泵的口径、流量、扬程和叶轮直径等，老的泵型号还用来表示泵的比转数。离心泵型号的表示方法很多，一般样本或产品说明书中会详细地说明它的型号。

3.2 离心泵的整体结构及主要部件

离心泵的种类虽然多样，但其整体结构和主要部件具有一致性。离心泵包括转体、静体和部分转体三大部件，每个部件又由不同部件组成，本节将详细论述这些部件的主要性能，此外还将讨论几种常用离心泵的结构。

3.2.1 离心泵的整体结构

3.2.1.1 单级或两级单吸悬臂泵

单级单吸悬架式泵的用途最广。泵轴的一端在托架内用轴承支撑，另一端悬出，装有叶轮，所以这种结构的泵常被称为悬臂泵。轴承可以用稀油和油脂润滑。轴封常采用填料或机械密封等，扬程低的泵可用骨架式橡胶密封。轴向力平衡常采用平衡孔或背叶片。后开门结构的泵体在装卸时不用拆卸进出口管路，除此之外还有前开门结构，前开门换叶轮时非常方便，拆卸泵盖即可实现更换目的。为了增加泵的稳定性，底脚也可放到悬架上。单级扬程不能满足时，可制成两级泵，一般两个叶轮采用背靠背排列以平衡轴向力。水平中心支撑支架式结构一般用于高温泵。

3.2.1.2 分段式多级泵

分段式多级泵使用也极广泛。它实际上相当于将几个叶轮装在一根轴上串联工作，所以泵的扬程可以比较高，每个叶轮均有相应的导叶。第一级叶轮一般是单吸的，也可以制成双吸的。泵轴两端的轴承起支承作用，功率小和功率大的轴承分别用滚动和滑动轴承，稀油润滑，甚至需要用强制润滑方式。该种泵常采用平衡盘或平衡鼓结构来平衡轴向力。采用平衡盘结构时，整个转子可以左右窜动，靠平衡盘自动地将转子维持在平衡位置上，此外还有少数采用平衡孔结构来平衡轴向力。

3.2.1.3 蜗壳式多级泵

采用螺旋形压水室的泵俗称蜗壳泵。泵体由几个蜗壳组成，串联工作，叫蜗壳式多级泵。每个叶轮均有相应的螺旋形压水室，泵体采用水平中开式。叶轮一般采用对称布置，自动平衡轴向力，进、出口都铸在泵体上，所以检修非常方便，可以不拆卸进、出口管路，只要把上泵体（泵盖）打开即可取出整个转子。其缺点是泵体体积大，且结构复杂，对铸造加工增加了难度。所以，价格也较高，一般用于流量较大，扬程较高，运行可靠性要求较高的地方。

3.2.1.4 立式管道泵

立式管道泵的结构较简单，进、出口同在一水平线上，可直接安装在管道中，电机在上面，占地面积很小。压水室一般为螺旋形蜗壳，泵本身可以没有轴承，直接用电机轴承，对功率大的，泵本身要有自己的轴承，轴封一般为机械密封，也可以用填料。

3.2.1.5 立式浸没式泵

立式浸没式泵将叶轮浸没于液体之中，启动时无需灌水或抽真空，使用非常方便，占地面积小，泵的基础也很小。单管式浸没泵的泵轴和扬水管同在一管中。在作为污水泵时，扬水管可做成双管式的，即泵轴在一管中，被输送的液体在另一管中流动，其叶轮可设计为无堵塞式的叶轮，更不易堵塞。

3.2.1.6 深井泵

深井泵主要用于深井中把水提到地面上来。这种泵由于要下到深井中去，受到井径的限制，所以是细长的。深井泵一般用立式电机，装在地面的泵座上，经很长的传动轴带动井下的叶轮转动，通过很长的扬水管将井水提上来。它实际也是立式浸没式的一种，不过它的外径要求更小，泵更长。

3.2.1.7 潜水电泵

潜水电泵也是用来把深井中的水提到地面上，只是把电机和泵连在一起放于井下水中去了，直接由电机带动泵的叶轮旋转，省去了泵座、扬水管、中间传动轴、联轴器等，大大简化了泵的结构。潜水电泵在设计时要特别注意对电机绕组绝缘的处理。目前，潜水电机大多采用湿式的。但当电机一旦产生故障，修理是比较困难的。

作业面潜水泵也是将泵和电机置于水下工作，但不受井径的限制，并且置于水下很浅。这种泵的电机一般是干式的，此外还使用充油式电机。这种泵安装方便，启动前也不需要灌水，使用极其方便。所以常在野外，移动使用的工地中使用。它的流量、扬程、功率一般都较小。

3.2.1.8 屏蔽泵

屏蔽泵又称无轴封泵，泵的叶轮和电机转子连成一体，电机的转子和定子用薄壁圆筒封闭起来，使电机绕组与被输送的液体隔开，并装在一个密封壳体内，故不需要轴封，从根本上消除了被输送液体的外漏。所以常用来输送易燃易爆、有放射性、有毒或贵重的液体。

3.2.1.9 自吸泵

自吸泵有内循环和外循环两种。内循环式自吸泵带有气、水分离室，泵体较大。泵在启动前先往泵内灌满液体，启动后由于叶轮旋转，在离心力的作用下液体被甩出流道到泵体中，此时，叶轮进口处形成真空，吸入管路内的空气进入泵进口与水混合后，形成气水混合物进入叶轮内。然后，在离心力的作用下又被甩到泵体内，由于泵体较大，流速减慢，进行气水分离。气体向上由液面逸出，液体在静压力作用下，从泵体下方的喷嘴射出，回流到泵进口，又与吸入管内的空气混合，进入叶轮内。这样周而复始，不断将泵进水管路内的空气排出，液面不断上升，直至吸入管内的空气全部排净，液体进入叶轮，完成自吸过程，泵正常排液。

外循环自吸泵与内循环式自吸泵不同的是液体回流不在叶轮进口，而在叶轮出口处与空气混合，再排出到泵体进行气水分离，气体从液面逸出，液体又回流到叶轮出口外周，进行气水混合，直到排尽进口管路中的空气。

3.2.2 离心泵的主要部件

离心式水泵的主要部件有转动部分、固定部分、密封装置和轴承支承等几大部分。

3.2.2.1 转动部分

离心式水泵的转动部分主要由叶轮、泵轴和平衡盘三部分构成。

（1）叶轮。叶轮是泵的主要部件之一。泵内液体能量的获得是在叶轮内进行的，所以叶轮的作用是将原动机的机械能传递给液体，使液体的压力能和速度能均得到提高。叶轮一般由前盖板、叶片、后盖板和轮毂所组成。图 3-2（a）所示的叶轮为封闭式叶轮。封闭式叶轮效率较高，但要求输送的介质较清洁。如果叶轮无前盖板，其他都与封闭式叶轮相同，则称为半开式叶轮，如图 3-2（b）所示。半开式叶轮适宜输送含有杂质的液体。若只有叶片及轮毂，而无前、后盖板的叶轮称为开式叶轮，如图 3-2（c）所示。开式叶轮适宜输送液体中所含杂质的颗粒大些、多些，但敞开式叶轮的效率较低，在一般情况下不采用。

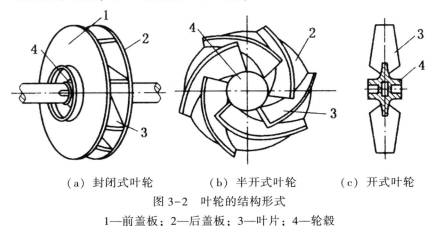

（a）封闭式叶轮　　　（b）半开式叶轮　　　（c）开式叶轮

图 3-2　叶轮的结构形式

1—前盖板；2—后盖板；3—叶片；4—轮毂

（2）泵轴。泵轴常用 45 号钢锻造加工而成。泵轴的作用是把原动机的扭矩传递给叶轮，并支撑装在它上面的转动部件。为了防止泵轴锈蚀，泵轴与液体接触部分装有轴套，轴套锈蚀和磨损后可以更换，以延长泵轴的使用寿命。

（3）平衡盘。多级分段式离心式水泵往往在水泵的压出段外侧安装平衡盘。平衡盘的作用是消除水泵的轴向推力，常用灰铸铁制造。

3.2.2.2 固定部分

离心式水泵的固定部分包括吸入段、压出段和中段三个部分。

（1）吸入段。吸入段的作用是以最小的阻力损失，将液体从吸入管路引入叶轮。吸入段形状设计的优劣对进入叶轮的液体流动情况影响很大，对泵的汽蚀性能有直接影响。吸入段有锥形管吸入段、圆环形吸入段和半螺旋形吸入段三种结构。

（2）压出段。从叶轮中获得了能量的液体，流出叶轮进入压出段。压出段将经过的高速液体汇集起来。引向次级叶轮的进口或引向压出口，同时还将液体中的部分动能转变成压力能。压出段中液体的流速较大，所以液体在流动的过程中要产生较大的阻力损失。因此，有了性能良好的叶轮，还必须有良好的压出段与之相配合，这样整个泵的效率才能提高。常见的压出段结构形式很多，有螺旋形压出段、环形压出段等。

（3）中段。由于多级分段式水泵的液流是由前一级叶轮流入次一级叶轮内，故在流动的过程中必须安装中段，中段一般由导水圈和返水圈组成。导水圈中由若干叶片组成导叶，水在叶片间的流道中通过。前一段流道的作用是接收由叶轮高速流出的水，并以匀速送入后面流道；后一段流道的断面逐渐扩大，使一部分动能转换为压力能。返水圈的作用是以最小损失把水引入次级叶轮的入口。

导水圈和返水圈主要有径向式与流道式。径向式导叶由螺旋线、扩散管、过渡区和反导叶组成。流道式导叶在流道式中，正、反导叶是连续的整体，即反导叶是正导叶的继续，所以从正导叶进口到反导叶出口形成单独的小流道，各个小流道内的液流互不相混。它不像径向式导叶，在环形空间内液体混在一起，再进入反导叶。

3.2.2.3 密封部分

离心式水泵各固定段之间的静止结合面采用纸垫密封。叶轮的吸水口、后盖板轮毂和固定段之间存在环形缝隙。高压区的水会经环形缝隙进入低压区而形成循环流动，从而使叶轮实际排入次级的流量减少，并增加能量的消耗。为了减少缝隙的泄漏量，在保证叶轮正常转动的前提下，尽可能减小缝隙。在每个叶轮前后的环形缝隙处安装了磨损后可以更换的密封环（又称大、小口环）。装在叶轮入口处的密封环为大口环，装在叶轮后盖板侧轮毂处的密封环为小口环。

泵轴穿过泵壳，使转动部分和固定部分之间存在间隙，泵内液体会从间隙中泄漏至泵外。如果泄漏出的液体有毒、有腐蚀性，则会污染环境。倘若泵吸入端是真空，则外界空气要漏入泵内，严重威胁泵的安全工作。为了减少泄漏，一般在此间隙处安装轴端密封装置，简称轴封。目前采用的轴封有填料密封、机械密封、浮动环密封及迷宫密封等。下面对几种典型轴封进行研究。

（1）填料密封。填料密封在泵中应用得很广泛。填料密封由填料压盖、填料、水封环、填料套、压盖螺栓和螺母组成。正常工作时，填料被填料压盖压紧，充满填料腔室，使泄漏减少。由于填料与轴套表面直接接触，因此填料压盖的压紧程度应该合理。如果压得过紧，填料在腔室中被充分挤紧，泄漏虽然可以减少，但填料与轴套表面的摩擦迅速增加，严重时发热、冒烟，甚至将填料、轴套烧坏。如果压得过松，则泄漏增加，泵效率下降。填料压盖的压紧程度应该使液体从填料中流出少量的滴状液体为宜。

（2）机械密封。机械密封最早出现在 19 世纪末，目前在国内已被广泛使用。机械密封是靠静环与动环端面的直接接触而形成密封。动环装在转轴上，通过传动销与泵轴同时转动；静环装在泵体上，为静止部件，并通过防转销使它不能转动。静环与动环端面形成的密封面上所需的压力，由弹簧的弹力来提供。动环密封圈，防止液体的轴向泄漏。静环密封圈，封堵静环与泵壳间的泄漏。密封圈除了起密封作用之外，还能吸收振动、缓和冲击。动、静环间的密封实际上是靠两环间维持一层极薄的流体膜，起着平衡压力和润滑、冷却端面的作用。机械密封的端面需要通有密封液体。密封液体要经外部冷却器冷却，在泵启动前先通入，泵轴停转后才能切断。机械密封要得到良好的密封效果，应该使动、静环端面光洁、平整。

（3）浮动环密封。输送高温、高压的液体如用机械密封会有困难，可采用浮动环密封。浮动环密封由浮动环、支承环（浮动套）、弹簧等组成。浮动环密封是通过浮动环与支承环的密封端面在液体压力与弹簧力（也有不用弹簧）的作用下紧密接触，使液体得到径向密封。浮动环密封的轴向密封是由轴套的外圆表面与浮动环的内圆表面形成的细小缝隙，对液流产生截流而达到密封。浮动环套在轴套上，由于液体动力的支承力可使浮动环沿着支承环的密封端面上、下自由浮动，使浮动环自动调整环心。当浮动环与泵轴同心时，液体动力的支承力消失，浮动环不再浮动，浮动环可以自动对准中心，所以浮动环与轴套的径向间隙可以做得很小，减小泄漏量。

3.3 离心泵的工作原理及性能曲线

离心泵包括转动部分、固定部分以及密封部分。离心泵主要通过叶轮旋转，使液体产生离心力来工作。离心泵在工作时，其扬程、流量、功率、效率、转速等性能之间互相影响，其中任意一个参数都会因其他参数而变化，这些参数变化之间的函数关系可以用曲线表示，即离心泵的性能曲线。

3.3.1 离心泵的工作原理

我们日常生活中的很多例子与离心泵的工作原理类似，如雨天打伞时，转动伞柄时，雨水会因离心力而被甩出去，且转动速度越快，雨水甩得越远。离心泵的工作情况同上述例子，当泵的叶轮旋转时，叶轮叶片将液体从叶轮甩出去，飞向四周泵体中并引向泵的出口，在此同时，叶轮中液体甩出去后形成真空，而液面在大气压力的作用下，将液体顺着吸水管压入叶轮中，然后又被甩出去。这样周而复始，甩出去吸上来又甩出去，这就是离心泵的工作原理。

离心泵的基本组成装置包括排出管闸阀、灌水漏斗、泵壳、叶轮、叶片、吸入管、底阀。启动离心泵后，弯曲叶片可带动叶轮上的液体转动。液体在离心力的作用下沿叶片流动，并被叶轮中心甩向边缘，最后经过螺形泵壳（简称螺壳）流向排出管。随着液体的不断排出，在泵的叶轮中心形成真空，吸入池中液体在大气压力作用下，通过吸入管源源不断地流入叶轮中心，再由叶轮甩出。叶轮可以将泵轴的机械能转变成液体的压能和动能；螺壳的作用则是收集从叶轮甩出的液体，并导向排出口的扩散管。由于扩散管的断面是逐渐增大的，使得液体的流速平缓下降，把部分动能转化为压能。在有些泵上，叶轮外缘装有导叶，其作用也是导流及转换能量。

用来检测泵进口处真空度及出口压力的真空表和压力表分别装在吸入管及排出口的扩散管上，通过这些指标可以了解泵的工作状况。

离心泵启动前，应保证液体充满泵内的叶轮。如启动前不向泵内灌满液体，则叶轮只能带动空气旋转。而空气的质量约是液体（水）质量的千分之一，它所形成的真空不足以吸入比它重700多倍的液体（水）。因此，在泵的螺壳顶部，装有漏斗，用以在开泵前向泵内灌水。起过滤作用的滤网和底阀装在泵的吸入管下端，用来防止开泵前灌泵时液体倒吸流入吸入池。此外，用来控制流量的排除阀门被装于排出管上。

3.3.2 离心泵的性能曲线

离心泵各个参数之间的关系和变化规律通常用特性曲线来表示。离心泵特性曲线能帮助我们选择合适的型号及配套设施，指导人们正确地决定安装高度以及调节运行工况，使离心泵能长期地运行在高效率范围内。

3.3.2.1 理论性能曲线的定性分析

离心泵各性能之间的关系可以用三种形式来表示：第一，离心泵所提供的流量 Q 和扬程 H 之间的关系，用 $H = f_1(Q)$ 来表示；第二，离心泵所提供的流量 Q 和所需外加轴功率 N 之间的关系，用 $N = f_2(Q)$ 表示；第三，离心泵所提供的流量 Q 与设备本身效率 η 之间的关系，用 $\eta = f_3(Q)$ 来表示。

由图 3-3 可知

$$v_{2u\infty} = u_2 - v_{2r}\cot\beta_{2k} \tag{3-1}$$

代入叶片泵的基本方程式后可得

$$H_{th\infty} = \frac{u_2}{g}(u_2 - v_{2r}\cot\beta_{2k}) \tag{3-2}$$

将 $v_{2r} = \dfrac{Q_{th}}{A_2}$ 代入式（3-2）可得

$$H_{th\infty} = \frac{u_2}{g} - \frac{u_2\cot\beta_{2k}}{gA_2}Q_{th} \tag{3-3}$$

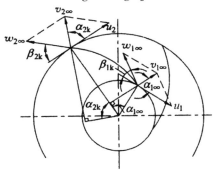

图 3-3　离心泵能量推导基本方程式

上式对给定的泵，在一定的转速下，u_2、A_2、β_{2k} 均为常数。若以流量 Q 为横坐标，扬程 H 为纵坐标，则当 $\beta_{2k} < 90°$ 时，$Q_{th} - H_{th\infty}$ 是一条向下倾斜的直线。如图 3-4（a）所示，它与坐标轴相交于两点。

为了得出实际流量 Q 和实际扬程 H 之间的关系曲线，首先考虑叶片数是有限的，对理论扬程进行修正，由式 $H_{th} = \dfrac{H_{th\infty}}{1+K}$ 知，$Q_{th} - H_{th\infty}$ 也是一条向下倾斜的直线；其次考虑泵内的各种损失对扬程的影响。叶片泵内的能量损失可分为水力损失、容积损失和机械损失三类。

（1）水力损失。流体流经离心泵时，吸入口至叶片进口、叶轮流道、叶轮出口至机壳出口均会产生水力损失，此外还会产生局部阻力损失和沿

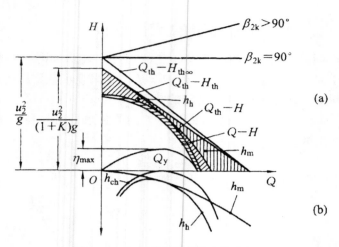

图 3-4　离心泵性能曲线定性分析

（a）离心泵性能曲线；（b）离心泵的水力损失

程阻力损失。过流部件的几何形状、壁面粗糙度以及流体的黏性等对水力损失的大小有着一定的影响。机内阻力损失发生于四个部分：第一，进口损失 ΔH_1，流体经泵或风机入口进入叶片进口之前，发生摩擦及 $90°$ 转弯所引起的水力损失，此项损失因流速不高而不致太大；第二，撞击损失 ΔH_2，当机器实际运行流量与设计额定流量不同时，相对速度的方向就不再同叶片进口安装角的切线相一致，从而发生撞击损失，其大小与运行流量和设计流量差值之平方成正比，如图 3-5 所示；第三，叶轮中的水力损失 ΔH_3，它包括叶轮中的摩擦损失和流道中流体速度大小、方向变化及离开叶片出口等局部阻力损失；第四，动压转换和机壳出口损失 ΔH_4，流体离开叶轮进入机壳后，有动压转换为静压的转换损失，以及机壳出口损失。

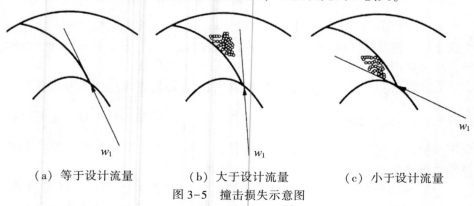

（a）等于设计流量　　　（b）大于设计流量　　　（c）小于设计流量

图 3-5　撞击损失示意图

（2）容积损失。考虑泵内容积损失，在对离心泵的构造讨论中可知，在密封环、填料函及轴向力平衡装置等处存在着水流泄漏和回流问题，使泵的实际出水量小于总的通过叶轮的流量，如图 3-6 所示，以 ΔQ 表示总泄漏量，则 $Q = Q_{th} - \Delta Q$。这样在 $Q_{th} - H$ 曲线上减去相应 H 值时的 ΔQ 值，就可得到实际扬程与实际流量的关系曲线，即 $Q - H$ 曲线。

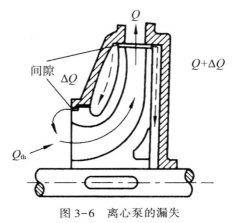

图 3-6　离心泵的漏失

假设泵工作时，由于上述原因漏失的液体流量为 ΔQ，而流过叶轮的液体流量为 Q_{th}，则实际有效流量为 $Q = Q_{th} - \Delta Q$，泵内的容积损失消耗了一部分功率，其值可用容积效率 η_V 来度量，可用 $\eta_V = \dfrac{Q}{Q_{th}} = \dfrac{Q}{Q + \Delta Q}$ 来表示。泵的容积效率 η_V 值一般为 0.93～0.98。离心泵的效率会因泵尺寸的大小而改变。此外，泵的容积效率可以通过改善密封环及密封结构来实现。在检修离心泵时有必要检查密封环的完好情况。

（3）机械损失。离心泵的轴承与轴封之间的摩擦、叶轮转动时，其外表与机壳内流体之间发生的圆盘摩擦均是离心泵的机械损失，其中，圆盘损失占离心泵机械损失的主要部分。

离心泵的叶轮外径、转速以及圆盘外侧与机壳内侧的粗糙度等均会影响圆盘摩擦损失。叶轮外径越大，转速越大，圆盘摩擦损失也越大。轴封采用填料密封结构时，机械损失会因压盖的组装密度而增大。这是填料发热的主要原因，在小型泵中甚至难以启动。根据经验，正常情况下泵的轴承和轴封摩擦损失的功率 ΔN_1 可以达到的范围为 $\Delta N_1 = (0.01～0.03)N$，$N$ 表示泵的轴功率。

泵的圆盘摩擦损失的功率为 ΔN_2，计算公式为

$$\Delta N_2 = kn^3 D_2^5 \tag{3-4}$$

其中，k 是实验系数。

当泵的扬程一定时，增加叶轮转速可以相应地减少轮径。根据式（3-4），增加转速后，圆盘摩擦损失仍可能有所降低。这是目前泵的转速逐渐提高的原因。机械损失的总功率 ΔN_m 为

$$\Delta N_m = \Delta N_1 + \Delta N_2 \tag{3-5}$$

离心泵的机械损失可以用机械效率 η_m 来表示，公式为

$$\eta_m = \frac{N - \Delta N_m}{N} \tag{3-6}$$

在实际应用中，可以通过合理地压紧填料压盖，对泵采用机械密封；对给定的扬程，增加转速，相应减小叶轮直径；将铸铁壳腔内表面涂漆；用砂轮磨光叶轮盖和壳腔粗糙面以及适当选取叶轮和壳体间隙等方法来减小机械损失。

3.3.2.2 实测性能曲线的定性分析

1. 流量–扬程曲线（Q–H）

根据式 $H_T = \dfrac{u_2 v_{u_2}}{g}$ 及出口速度三角形，设 $v_{u_1} = 0$，可以得出

$$H_{T\infty} = \frac{u_2 v_{u_2\infty}}{g} = \frac{u_2(u_2 - v_{m_2}\mathrm{ctan}\beta_2)}{g} = \frac{u_2^2}{g} - \frac{u_2}{g}\frac{\mathrm{ctan}\beta_2}{F_2}Q' \tag{3-7}$$

式中，F_2 表示叶轮出口的有效面积。

对于给定的泵，在一定的转速下 u_2、β_2、F_2 都是常数，所以理论扬程 $H_{T\infty}$ 是随流量 Q' 变化的一个直线方程式。

在离心泵中，叶片出口安放角 β_2 通常是小于 90° 的，$\mathrm{ctan}\beta_2$ 是正值。$Q' - H_T$ 是一条向下倾斜的直线，在这条直线上，当 $Q' = 0$ 时，$H_{T\infty} = \dfrac{u_2}{g}$，当 $H_{T\infty} = 0$ 时，$Q' = \dfrac{u_2 F_2}{\mathrm{ctan}\beta_2}$，如图 3-7 中的 $Q' - H_T$ 线所示。

实际中，叶片数是有限的，液体在叶轮里并不完全沿叶片流动，此时叶轮所产生的理论扬程 H_T 与 $H_{T\infty}$ 的关系为 $H_T = \dfrac{H_{T\infty}}{1 + P}$。

理论扬程 H_T 与实际扬程 H 之差就是水力损失。水力损失包括过流部件

的沿程摩擦损失和冲击损失，沿程损失与流量平方成正比，即一条抛物线。冲击损失，在设计工况时，由于液流方向与叶片方向一致，所以冲击损失较小，接近为零。在流量大于或小于设计流量时，由于液流方向与设计工况的液流方向偏离，冲击损失增大。从 $Q' - H_T$ 线上减去相应的水力损失，就得到理论流量 Q' 和实际扬程 H 的关系曲线 $Q' - H_T$。

考虑到容积损失对泵性能曲线的影响，由式 $q_1 = \dfrac{\pi D_w b}{\sqrt{1 + 0.5\varphi + \dfrac{\lambda L}{2b}}}\sqrt{2g\Delta H_w}$

知容积损失的泄漏量与扬程 H 是平方根关系，在图 3-9 上作出容积损失与扬程的关系曲线 $q - H$。从流量-扬程曲线 $Q' - H$ 的横坐标中减去相应的泄漏量 q 后，最后得到了泵的实际流量和实际扬程的曲线 $Q - H$。

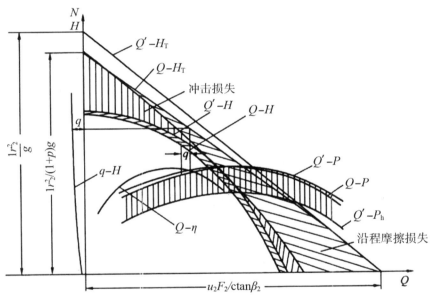

图 3-7 离心泵性能曲线的分析

2. 流量–功率曲线（Q-P）

流量–功率曲线（$Q - P$）是表示泵的流量与轴功率之间关系的曲线。泵的轴功率是泵的水功率 P_h 和机械损失功率 ΔP_m 之和，泵的水功率 P_h 可用下式计算

$$P_h = \frac{\gamma Q' H_T}{1000} \qquad (3-8)$$

根据泵的性能曲线，计算出流量与水功率的关系曲线，加上对应流量点的机械损失功率，就可得到流量与轴功率的关系曲线 $Q' - P$，对每一个流量 Q' 值减去相应的容积损失，即可得到泵的实际流量-轴功率曲线（Q-P）。

3. 流量–效率曲线（Q-η）

流量–效率曲线是表示泵流量与效率之间关系的曲线。根据泵的 $Q - H$ 曲线和 $Q - P$ 曲线上的相应点，可得到泵的流量-效率曲线 $Q - \eta$。$Q - \eta$ 曲线是由坐标原点出发的一条抛物线，最高点 $\eta_{\max}$ 的流量 Q_P 为设计工况点（即额定流量点），当 $Q < Q_P$ 时效率 η 是随流量 Q 的增加而增加。当 $Q > Q_P$ 时，效率 η 是随流量的增加而降低了，所以泵在额定流量时最为经济。

4. 通用性能曲线

把不同转速下的 $Q - H$ 曲线画在同一张图上，并把各转速下效率相等的值投射到相应转速的 $Q - H$ 曲线上，把这些等效值的点连成曲线称为等效率曲线。这种特性曲线称为泵的通用特性曲线，如图 3-8 所示。利用通用特性曲线，就可以方便地确定出在任何一组（Q、H）值下的转速（n）与效率（η）值。

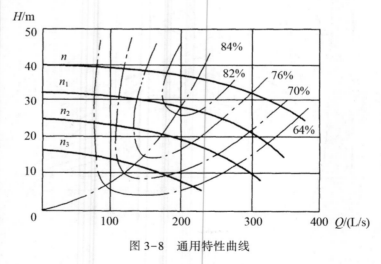

图 3-8　通用特性曲线

5. 综合特性曲线

把不同叶轮外径下的 $Q - H$、$Q - \eta$ 关系曲线表示在同一张图中，如图 3-9所示，称为变叶轮外径的综合特性曲线。

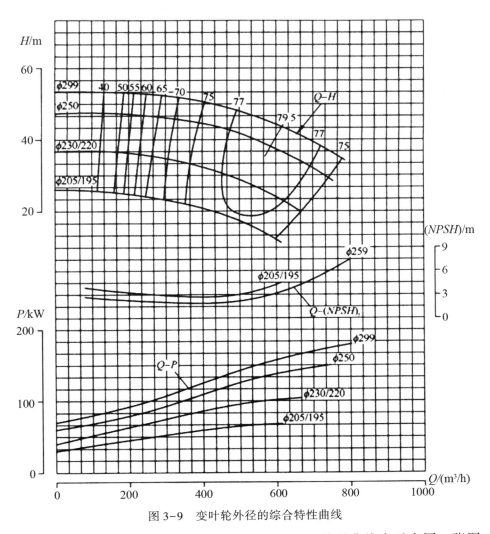

图 3-9　变叶轮外径的综合特性曲线

同样，把不同叶片安放角度的 $Q-H$、$Q-\eta$ 关系曲线表示在同一张图中，如图 3-10 所示，称为变角度的综合特性曲线。

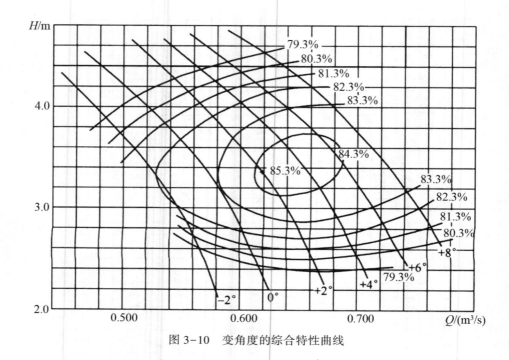

图 3-10　变角度的综合特性曲线

3.4　离心泵的相似理论及其应用

离心泵内的液流运动是非常复杂的，人们想要研制一台高效率的泵不仅要从前人的经验和资料中总结，还应进行大量的实验研究。大型泵的实验研究具有不现实性，这就需要根据流体力学的相似理论将原型泵缩小为模型泵进行实验，再将模型泵的数据换算为原型泵数据。运用相似理论，人们可以根据模型实验，进行新产品的设计与制造，可以换算几何相似泵的性能，此外还可以根据同一台泵在某一转速下的性能，换算其他转速下的性能。也就是说，离心泵的设计、制造以及泵运行中的实际问题解决都可能运用到相似理论。

3.4.1 离心泵的相似条件

根据工程流体力学的相似理论，两台泵的相似必须满足几何相似、运动相似和动力相似三个条件。

（1）几何相似。几何相似是指两台相似的泵中，泵过流件相对应点的同名角相等，同名尺寸比值相等。如图 3-11 所示，现设有两台叶片泵的叶轮，一个为实际叶片泵的叶轮，一个为模型叶片泵的叶轮，以角标 md 表示。根据相似定律有

$$\frac{b_1}{b_{1md}} = \frac{b_2}{b_{2md}} = \frac{D_1}{D_{1md}} = \frac{D_2}{D_{2md}} = \lambda \qquad (3-9)$$

式中，b_1、b_2、b_{1md}、b_{2md} 分别表示实际泵与模型泵叶轮进、出口的宽度；D_1、D_{1md}、D_2、D_{2md} 分别表示实际泵与模型泵叶轮进、出口直径；λ 为任意一对同名线性尺寸的比值。

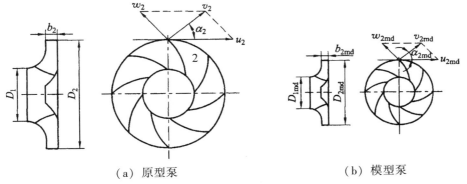

（a）原型泵　　　　　　　　（b）模型泵

图 3-11　两台泵的几何相似与运动相似

（2）运动相似。运动相似指在两台几何相似的泵中，流道中对应点的同名流速方向一致和大小成同一比例。也就是相似液流中对应质点的运动轨迹相似，而且流速的比值相同，即速度三角形相似。此时在叶轮出口处有

$$\frac{v_2}{v_{2md}} = \frac{w_2}{w_{2md}} = \frac{u_2}{u_{2md}} = \frac{nD_2}{n_{md}D_{2md}} = \lambda \frac{n}{n_{md}} \qquad (3-10)$$

也就是说，流道结构形状几何相似、泵的工况相似的离心泵可以实现液流的运动相似或速度三角形相似。例如，两台几何相似的泵都在无冲击工况下才能运动相似。几何相似是得到运动相似的必要条件，工况相似则是充分条件。

（3）动力相似。动力相似是要求在流道的对应点上液体的重力、压力和黏性力等都成一定的相似关系。在这些因素中，与雷诺数大小有关的黏性力对其影响最大。但在一般叶片泵中，雷诺数都很大，雷诺数的一些差异对液流阻力及运动状况的影响不显著，所以当前面两个条件满足时，动力相似往往也是满足的。

3.4.2 离心泵的相似定律

离心泵的工况点是用它的性能参数表示的，在相似工况下，两台相似离心泵具有流量 Q 相似定律、扬程 H 相似定律以及功率相似定律。

（1）流量相似定律。离心泵的流量可表示为

$$Q = \pi D_2 b_2 \varphi_2 v_{m_2} \eta_V \tag{3-11}$$

那么两台相似的离心泵的流量关系可以表示为

$$\frac{Q_p}{Q_m} = \frac{\pi D_{2p} b_{2p} \varphi_{2p} v_{m_{2p}} \eta_{Vp}}{\pi D_{2m} b_{2m} \varphi_{2m} v_{m_{2m}} \eta_{Vm}} \tag{3-12}$$

由于两台泵相似，则有

$$\frac{D_{2p}}{D_{2m}} = \frac{b_{2p}}{b_{2m}} \tag{3-13}$$

由于两台泵在相似工况下运行，其运动必然相似。所以

$$\frac{v_{m_{2p}}}{v_{m_{2m}}} = \frac{u_{2p}}{u_{2m}} = \frac{D_{2p} \eta_p}{D_{2m} \eta_m} \tag{3-14}$$

式（3-13）可以改写为

$$\frac{Q_p}{Q_m} = \left(\frac{D_{2p}}{D_{2m}}\right)^3 \frac{n_p}{n_m} \frac{\eta_p}{\eta_m} \tag{3-15}$$

这也就是离心泵的流量相似定律。

（2）扬程相似定律。由 $H_T = \dfrac{u_2 v_{u2} - u_1 v_{u1}}{g}$ 和 $\eta_h = \dfrac{H}{H + \Delta H} = \dfrac{H}{H_T}$ 得，两台相似离心泵的扬程关系可以表示为

$$\frac{H_p}{H_m} = \frac{u_{2p} v_{u_{2p}} - u_{1p} v_{u_{1p}}}{u_{2m} v_{u_{2m}} - u_{1m} v_{u_{1m}}} \frac{\eta_{hp}}{\eta_{hm}} \tag{3-16}$$

由于两台泵运动相似，必然满足 $\dfrac{u_{2p} v_{u_{2p}}}{u_{2m} v_{u_{2m}}} = \left(\dfrac{D_{2p} n_p}{D_{2m} n_m}\right)^2 = \dfrac{u_{1p} v_{u_{1p}}}{u_{1m} v_{u_{1m}}}$，将其代入式（3-16）可得

$$\frac{H_p}{H_m} = \left(\frac{D_{2p} n_p}{D_{2m} n_m}\right)^2 \frac{\eta_{hp}}{\eta_{hm}} \tag{3-17}$$

这就是离心泵的扬程相似定律。

（3）功率相似定律。由式 $P = \dfrac{P_u}{\eta} = \dfrac{\rho g Q_V H}{1000\eta}$ 可得两台相似离心泵的功率关系为

$$\frac{P_p}{P_m} = \frac{H_p Q_p \gamma_p \eta_m}{H_m Q_m \gamma_m \eta_p} \qquad (3-18)$$

将式 $\dfrac{Q_p}{Q_m} = \left(\dfrac{D_{2p}}{D_{2m}}\right)^3 \dfrac{n_p}{n_m} \dfrac{\eta_p}{\eta_m}$、式 $\dfrac{H_p}{H_m} = \left(\dfrac{D_{2p} n_p}{D_{2m} n_m}\right)^2 \dfrac{\eta_{hp}}{\eta_{hm}}$ 及 $\eta = \eta_m \eta_V \eta_h$ 代入式

（3-18）可得

$$\frac{P_p}{P_m} = \left(\frac{D_{2p}}{D_{2m}}\right)^5 \left(\frac{n_p}{n_m}\right)^3 \frac{\gamma_p}{\gamma_m} \frac{\eta_{mm}}{\eta_{mp}} \qquad (3-19)$$

这就是离心泵的功率相似定律。

3.4.3 相似定律的实际应用

在实际生产中，相似定律可用于转速改变时性能参数的计算、几何尺寸改变时性能参数的换算以及叶轮直径和转速改变时性能参数的换算。

（1）转速改变时的性能参数的换算。离心泵的性能曲线都是针对一定转速时通过实验获得的，当实际运行转速改变时，性能曲线就会发生变化。实际运行转速 n 与 n_m 不同，则可用相似律来求出新的性能参数。此时相似律可简化为

$$\begin{cases} \dfrac{Q}{Q_m} = \dfrac{n}{n_m} \\[2mm] \dfrac{H}{H_m} = \left(\dfrac{n}{n_m}\right)^2 \\[2mm] \dfrac{N}{N_m} = \left(\dfrac{n}{n_n}\right)^3 \end{cases} \qquad (3-20)$$

综合这三个公式可以得出

$$\frac{Q}{Q_m} = \sqrt{\frac{H}{H_m}} = \sqrt[3]{\frac{N}{N_m}} = \frac{n}{n_m} \qquad (3-21)$$

（2）改变几何尺寸时性能参数的换算。若两台离心泵的转速相同，且输送同一种流体时，改变泵的几何尺寸时，令 $\eta = \eta_0$，利用相似定律计算参数的关系为

$$\frac{Q}{Q_0} = \left(\frac{D}{D_0}\right)^3 \qquad (3-22)$$

$$\frac{H}{H_0} = \left(\frac{D}{D_0}\right)^2 \qquad (3-23)$$

$$\frac{N}{N_0} = \left(\frac{D}{D_0}\right)^5 \qquad (3-24)$$

3.5 离心泵在管路中的工作

水泵排水时水所经过的水管（包括吸水管和排水管）称为排水管路。每一台水泵都是和一定的排水管路连接在一起进行工作的。水泵使水获得的压头，不仅用于提高水的位置，还要用于克服管路中的各种阻力。因此，水泵的工作状况不仅与水泵本身的性能有关，而且也与排水管路的配置情况有关。所以，研究管路特性对于矿井排水是非常重要的。

3.5.1 管路特性曲线

如图 3-12 所示为一台水泵用一条管路排水的简图。注意到排水时泵输给水的压头与水需要泵输给它的压头是相等的。以 H 表示后者，并取泵轴心线所在的平面 0-0 为基准面，列出吸水井水面 1-1 和排水管出口截面 2-2 的伯努利方程式，则

$$\frac{p_{a1}}{\gamma} + \frac{v_1^2}{2g} - H_x + H = \frac{p_{a2}}{\gamma} + H_p + h_w + \frac{v_2^2}{2g} \qquad (3-25)$$

式中，p_{a1}、p_{a2} 分别表示截面 1-1 和 2-2 处的大气压力，若忽略空气重度，则 $p_{a1} = p_{a2}$；v_1 表示截面 1-1 上的水流速度，因吸水井和水仓相连，水面甚大，故可以认为 $v_1 \approx 0$；v_2 表示 2-2 截面上的水流速度，若排水管内径为 d_p，则 $v_2 = \dfrac{4Q}{\pi d_p^2}$，$v_2 = v_p$；$H_x$、$H_p$ 分别表示吸水高度和排水高度，两者的和表示测地高度 H_{sy}，即 $H_{sy} = H_x + H_p$；h_w 表示管路总水头损失，它等于吸水管损失水头 h_x 和排水管损失 h_p 之和，即 $h_w = h_x + h_p$。于是

$$H = H_{sy} + \frac{v_2^2}{2g} + (h_x + h_p) \qquad (3-26)$$

由水力学可知

$$h_x + h_p = \left(\sum \xi_x + \lambda_x \frac{l_x}{d_x} \right) \frac{v_x^2}{2g} + \left(\sum \xi_p + \lambda_p \frac{l_p}{d_p} \right) \frac{v_2^2}{2g} \qquad (3-27)$$

式中，$\sum \xi_x$、$\sum \xi_p$ 表示吸水、排水管路上的局部阻力损失系数之和；λ_x、λ_p 表示吸水、排水管路上的沿程阻力损失系数；l_x、l_p 表示吸水、排水管路上的实际长度，单位为 m；d_x、d_p 表示吸水、排水管路上的内径，单位

为 m；v_x 表示吸水管中的水流速度，单位为 m/s。

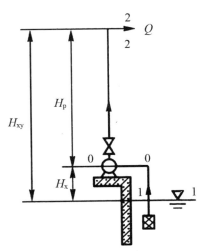

图 3-12　排水设备简图

将式（3-27）代入 $H = H_{sy} + \dfrac{v_2^2}{2g} + (h_x + h_p)$，经整理后可得水泵输送给水的压头为

$$H = H_{sy} + RQ^2 \qquad\qquad (3-28)$$

式中，Q 表示管路中的流量，单位为 m^3/s，R 表示管路阻力损失系数，单位为 s^2/m^5。显然 $R = \dfrac{8}{\pi^2 g} = \left[\sum \xi_x \dfrac{4}{d_x^4} + \dfrac{\lambda_x l_x}{d_x^5} + \left(\sum \xi_p + 1 \right) \dfrac{1}{d_p^4} + \dfrac{\lambda_p l_p}{d_p^5} \right]$。

公式（3-28）为水泵的管路特性曲线方程式。该式表达了通过管路的流量与所需压头间的关系。分析式（3-28）可以看出，所需压头 H 取决于测地高度 H_{sy}、管路阻力损失系数 R 和流量 Q。对于具体矿井来说，其 H_{sy} 是确定的，因而当流量一定时，所需压头 H 将取决于 R，即取决于管长、管径、管内壁状况以及管路附件的种类和数量。

应该指出，式（3-28）中的各种系数与几何尺寸都是针对新管道的。对由于管壁挂垢使管径缩小的旧管道，管路阻力系数应乘以 1.7，即

$$H = H_{sy} + 1.7RQ^2 \qquad\qquad (3-29)$$

式（3-28）和式（3-29）表示的曲线称为管路特性曲线，它们均是一条经过点（0，H_{sy}）的抛物线，如图 3-13 所示。

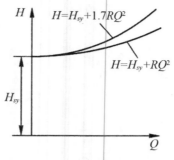

图 3-13　排水管路特性曲线

3.5.2 离心泵的工况点

　　由离心泵的性能曲线可知，泵的扬程是随流量的变化而变化，每一个流量都有相对应的扬程、功率、效率及汽蚀余量。从零流量到最大流量为两条连续曲线，如图 3-14 中的 *AB* 线所示。那么泵工作在哪一点上呢？它是由外界的负荷，即装置扬程来决定的。所以，如果将泵的流量-扬程性能曲线与装置扬程特性曲线按相同比例尺寸画到同一张图上，如图 3-14 所示，*AB*、*CE* 两曲线相交于 *D* 点，*D* 点就是泵的运行工作点。因为在 *D* 点，水泵供给的能量与管路内液体流动时所消耗的能量得到平衡。如果假设在 *G* 点

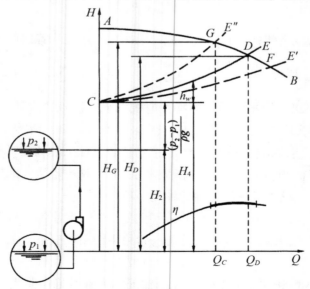

图 3-14　装置扬程性能曲线与泵运行工作点

工作，泵所供给的能量大于管路内液体流动所消耗的能量，那么多余的能量将使管内的液体加速，使流量增加，泵的工作点就会向右移动，一直到 D 点能量平衡为止。如果假设在 F 点工作，泵所供给能量小于管路内液体流动所消耗的能量，管内流动液体减速，使流量减少，工作点向左移动，直到 D 点平衡为止。

根据运行工作点 D 点对应的效率 η 曲线，泵的运行是否经济主要与其在性能曲线上离高效点的远近，若处在高效点或高效区则泵运行最为经济、节能，若偏离，则不经济。

3.5.3 汽蚀现象

水由液态转化为气态的过程会导致水泵的汽蚀。温度、压力会影响水的汽化，压力一定时，温度升高到一定值，水才会汽化，温度一定时，压力降低到一定值，水才会汽化。例如，在一个大气压作用下，水在 100℃ 时就开始汽化。当水温为 20℃，压力降低到 0.24 个大气压时，水也会汽化。在一定的温度下，水开始汽化的临界压力称为该温度下水的饱和蒸汽压力。

水泵运行过程中，泵内局部压力降至抽送水温的汽化压力时，水开始汽化为气泡，而且溶于水的气体也会形成气泡。当充满蒸汽或气体的气泡随水流带入叶轮中压力升高的区域时，气泡突然被四周水压压破，水流因惯性以高速向气泡中心冲击，产生了强烈的局部水锤。试验表明，水锤会以每分钟几万次的频率运动，并会产生高达几百个或几千个大气压的瞬时局部压力。金属表面的气泡破灭时，水锤压力会打击在金属表面上。金属表面会因强大压力及高频率的打击而剥蚀。除机械打击外，化学和电化学腐蚀均会对金属材料产生影响。机械剥蚀和化学腐蚀的共同作用加快了金属的损坏速度。水泵在严重的汽蚀状态下运行时，发生汽蚀的部位开始出现麻点，随后很快扩大成海绵或蜂窝状，直至大片脱落而破坏。因此，我们把气泡的形成、发展和破裂，以致过流部件受到破坏的全部过程，称为汽蚀现象。

离心泵运行过程中产生的汽蚀现象会影响泵的正常运作，其危害具体如下：

（1）产生噪声和振动水泵。汽蚀发生时，高速冲击的水流会造成强烈的噪声和振动现象。其振动可引起机组基础或机座的振动，当汽蚀振动的频率与水泵自振频率相互接近时，能引起共振，从而使振幅大大增加。

（2）泵性能下降。水泵发生汽蚀时，气泡不仅会占据一定的槽道面积，还会降低水的获能程度，降低扬程和效率，最终使水泵性能降低。水泵的比转数不同，其受汽蚀的影响程度不同，低比转数的泵，由于叶片间的流道狭而长，一旦发生汽蚀，气泡易于充满整个流道，因而性能曲线呈急剧下降的形状。比转数较高的泵，叶片间的流道宽而短，气泡发展到充满整个流道，需要一个过渡的过程，泵的性能曲线起初呈缓慢下降趋势，到了某个流量时，表现为急剧下降。

（3）过流部件的汽蚀破坏。汽蚀发生时，机械剥蚀与化学腐蚀会破坏过流部件，甚至还会使泵停止出水。过流部件的破坏程度与所用材料有关，一般铸铁材质的叶轮抗汽蚀能力较差，不锈钢、青铜等材质的叶轮抗汽蚀能力较强。

3.5.4 离心泵的串、并联工作

3.5.4.1 离心泵的串联工作

泵的串联工作就是将第一台泵的出口与第二台泵的入口相连接，以增加扬程。一般情况下，当单台泵的扬程不能满足装置压力需要、需要同时增加流量和压力、管路进行长距离输送以及改善后面一台泵的汽蚀性能时会将泵串联起来工作。

离心泵的串联可以在同性能泵之间进行，也可以在不同性能泵之间进行，其具体表现如下：

（1）两台同性能泵串联工作。图 3-15 所示为相同性能泵串联工作的运行曲线图，曲线 I、II 为两台泵的性能曲线，曲线 I+II 为串联工作时的性能曲线，它是将单独泵的性能曲线在同一流量下把扬程迭加起来得到的。与装置扬程特性曲线 III 相交于 M 点，M 点即为串联工作时的工作点。此时流量为 Q_M，扬程为 H_M。

串联后每台泵的运行工况点可以从 M 点作纵坐标的平行线交曲线 I、II 于 B 点，即为串联后的每台泵工作点。在 B 点的流量为 $Q_I = Q_{II}$，扬程为 H_I、H_{II}。显然串联工作的特点是流量彼此相等，即 $Q_M = Q_I = Q_{II}$，总扬程为每台扬程的总和，即 $H_M = H_I + H_{II}$。串联前每台泵的工作点为 C 点（Q_C、H_C、P_C、η_C），与串联后的工作点 B 点参数相比较可得出 $Q_M = Q_I = Q_{II} > Q_C$，$H_C < H_M < 2H_C$。

这表明，两台串联工作的泵所产生的总压头介于泵单独工作时扬程的 2 倍与串联前单独运行的扬程之间。而串联后的流量要大于一台泵单独工作时的流量。这是因为管路阻力并没有因扬程的增加而增加，流量的增加得益于这些富裕的扬程。因此，串联也可以用于同时需要提高扬程和流量的场合。在这种情况下，要求水泵的性能曲线平坦些较有利。

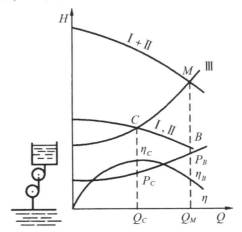

图 3-15　相同性能泵串联

（2）两台不同性能泵串联工作。不同性能泵的串联主要是用来改善第二台泵的汽蚀性能的，通常选择前一台扬程较低的泵来增加后台泵进口的压力。

两台不同性能泵串联工作如图 3-16 所示，曲线 I 、 II 分别为两台不同性能泵的性能曲线。 I + II 为串联运行时的性能曲线。性能曲线 I + II 的画法是在流量相同的情况下，将扬程叠加起来。串联后的工作点同上述所讲的方法是一样的，即串联后泵的性能曲线与装置特性曲线的交点来决定串联后的运行工作点 M。

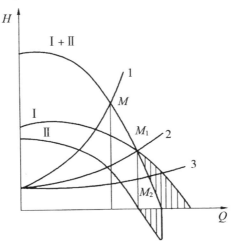

图 3-16　不同性能泵串联工作

　　两台不同性能的泵进行串联时，要注意控制两台泵的流量，不能使之相差太大，且串联前要详细计算两台泵的匹配是否合适，避免第二台泵不起作用，反而成为前台泵的阻力。图 3-18 中表示了三种不同管路装置、不同陡度的装置扬程特性曲线 1、2、3，当泵在第一种管路装置中工作时，工作点为 M，串联运行时总扬程和流量都是增加的。在第二种管路装置中工作时，工作点为 M_1，这时的流量和扬程将仅有第一台泵工作时的情况一样，此时第二台泵不增加扬程和流量，只消耗功率。泵在第三种管路装置工作时，工作点为 M_2，这时的流量和扬程反而小于只有第一台泵工作时的扬程和流量，第二台泵成为阻力，相当于一个节流器，反而增加了损失。因此，M_1 点可以作为极限状态，工作点只有在 M_1 点左侧时，串联工作才是有益的。

　　泵串联工作时应注意的事项包括：第一，最好采用性能相同的两台泵进行串联，在串联时确保两台泵的额定点流量最好相同或相差不大，避免容量较小的一台泵发生过负荷或不起作用，反成为阻力；第二，串联工作时，需考虑承压较高的后泵的强度；第三，串联工作时，后面的泵进口压力较高，所以选择轴封时，要注意进口压力对轴封的影响；第四，串联工作启动泵时，应先将两台泵的出口阀门关闭，先启动前面一台泵，然后打开前面泵的出口阀门，再启动后面的泵，缓缓打开后面泵的出口阀门。

3.5.4.2 离心泵的并联工作

　　用一台泵或风机其流量不够时，大流量泵或风机制造困难或者造价太高；当系统中要求的流量很大，需靠增开或停开并联台数以实现大幅度调节流量时；当有一台机器损坏，仍需保证供水（汽），作为检修及事故备用时均需要使离心泵并联工作。在并联运行时，机器总流量等于各机器流量之和，如图 3-17 所示。

　　同离心泵的串联一样，离心泵的并联可以在相同性能离心泵间展开，也可以在不同性能离心泵中展开。

　　（1）相同性能的泵或风机并联。两台性能相同的离心泵的性能曲线如图 3-18 中 I 所示，并联工作后，其总性能曲线 II 是同扬程下两泵流量叠加的结果。由于曲线重合，实际上只需在给定的泵性能曲线上取若干点作水平线，这就是一系列等扬程线，将其流量增加一倍，按照这些新的点就可以得到两台泵并联后的总性能曲线。并联后的总性能曲线与管路特性曲线的交点为总的工况点。如图 3-18 所示，图中 A（H_A，Q_A）是两台同性能泵或风机并联后工作点；B（H_B，Q_B）是并联后每台泵或风机工作点；C（H_C，Q_C）是未并联时每台泵或风机工作点。其参数之间有如下关系

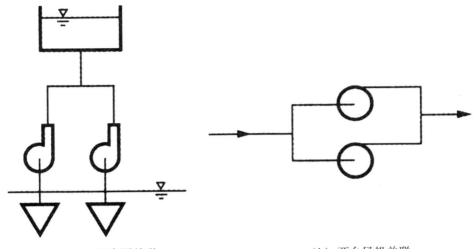

（a）两台泵并联   （b）两台风机并联

图 3-17　并联工作

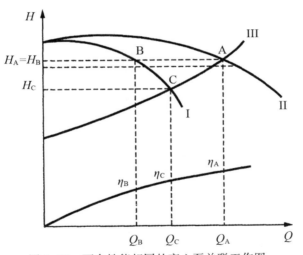

图 3-18　两台性能相同的离心泵并联工作图

$$H_A = H_B > H_C$$
$$Q_A = 2Q_B < 2Q_C \qquad (3-30)$$
$$Q_A > Q_C > Q_B$$

可以看出，并联后的曲线有以下几个特点：

1）$Q_C > Q_B$，管路系统只开一台机器时的流量大于并联后的单台泵工作时的流量，原因是并联后管路中总的流量增大，水头损失增加，单台泵与风机提供能头 H 增加，导致单台流量减小。

2）$Q_C < Q_A < 2Q_C$，并联后管路系统的总流量增加了，两台泵并联工作时 A 点的总流量大于单台泵工作时 C 点的流量，但是流量没有成倍增加。这种现象在多台泵并联时就很明显，而且当管道系统特性趋向较陡时，就更为突出，如图 3-21 所示。并联的台数越多，流量增加的比例越小，并联台数不宜过多。

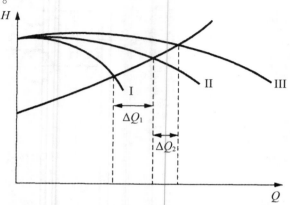

图 3-19　多台性能相同的泵并联工作图

3）泵与风机的性能曲线越陡（比转数越大），适于并联，Q_A 越接近 $2Q_C$。管路特性曲线越陡，越不适于并联。反之，越平坦，越适于并联。

4）$H_A = H_B > H_C$，管路总流量增大，水头损失增加，所需扬程增加。

5）如两台泵长期并联工作，应按并联时各台泵的最大输出流量来选择电动机的功率，在并联工作时使其在最高效率点运行。在低负荷只用一台泵运行时，为使电动机不至于过载，电动机的功率就要按单独工作时输出流量的需要功率来配套。

（2）不同性能的泵或风机并联。两台性能不相同的离心泵的性能曲线如图 3-20 中 I 和 II 所示，并联工作后，其总性能曲线 III 也是同扬程下两泵流量叠加的结果。在给定的泵性能曲线上取若干点作水平线，将 I 和 II 上对应点的流量求和得到新的流量点，连接这些新的点就可以得到两台泵并联后的总性能曲线。并联后的总性能曲线与管路特性曲线的交点为总的工况点。图 3-20 中 A 是两台不同性能泵或风机并联后的工作点；B、C 是并联后单台泵或风机工作点；D、E 是未并联时单台泵或风机工作点。其参数之间有如下关系

$$H_A = H_B = H_C > H_D$$
$$H_A = H_B = H_C > H_E \tag{3-31}$$
$$Q_A = Q_B + Q_C < Q_D + Q_E$$

从图 3-22 中可以看出，同样，并联后管路系统的总流量小于并联前各

台泵工作的流量之和，扬程大于并联前各台机器单独工作的扬程。扬程小的泵输出流量减少得多，当总流量减少时甚至没有输送流量。当并联后系统的工作点移至 F 点时，机器 I 停开，否则产生倒流现象。两台性能不相同的离心泵的并联操作比较复杂，实际中很少采用。目前空调冷、热系统中，多台并联水泵已广为采用，此时，宜采用相同型号及转数的水泵。并联运行是否经济合理，要通过研究各机效率而定。

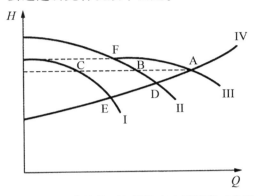

图 3-20　两台性能不相同的离心泵并联工作图

第 4 章 现代离心泵设计理论与程序

我国工农业的发展在很大程度上有赖于离心泵的使用，离心泵显著提高了电力、水利等工程的效率及实效性。因此，如何做好离心泵的设计工作、提高其运营效率是当前我国离心泵设计者的重要任务之一。

4.1 离心泵设计常识及注意事项

离心泵从生产到大规模地使用经历了一个漫长的过程，离心泵发展的每一个阶段都会有与之相应的设计方法和思路，且随着计算机技术的发展，这些方法和思路会产生根本性的变化。无论设计方法和设计思路如何发展，都需要掌握一定的设计基础知识。

4.1.1 离心泵设计常识

4.1.1.1 设计必备常识

在设计离心泵产品时，需要进行一些相关的处理。设计人员应具备以下基本常识：

（1）尽量不使用数值尾数 1、3、7、9，若铸件图上和自由尺寸上实在需要使用时，也应尽量少用。

（2）"图样标记"处，一般规定，试制时写 "S"，小批量生产时写 "A"，第二次修改图样时写 "B"，往下以此类推。

（3）凡是对产品有要求的内容都需要呈现在图样的技术要求处。

（4）已有的图样或外来采购的图样，凡是经过设计人员进行整理的，必须采用新标准、新材料、新规定来绘制图或进行标注。

（5）$Ra25\mu m$、$Ra12.5\mu m$ 或毛坯非加工表面表示的是图样右上角的"其余表面粗糙度"内容。对于零件表面质量要求较高而用较低表面粗糙度值时，最好不要放在此处。

（6）热处理硬度值书写要规范，如调质 241～302HBW 不可写成 245～295HBW。

（7）尽量使用平垫密封来代替 O 形圈密封，平垫来源方便、加工省时省事、价格便宜，而 O 形圈不耐高温（$t<200℃$）、高压。

（8）图样上标注铸造圆角，推荐如下：

1）重要的零部件、尺寸较大的 R，必须要在图样上标注出来。

2）叶轮图样上的铸造圆角 R，主要指叶片与前后盖板的铸造圆角，一般取较小值，推荐 $R_1 \sim R_3$（单位为 mm）。

3）有些地方的铸造圆角 R 必须要大些，否则容易产生裂纹、疏松等铸造缺陷问题，如泵支脚和法兰与壳体处、厚壁与薄壁相交处，壁越厚，铸造圆角 R 应越大。

4）在图样的技术要求中，给出的铸造圆角 R 范围一般取 3 ~ 4 个数值即可，并写在技术要求中，目的是防止标注内容的遗漏（不是一定要标注的内容）。或者说，此处铸造圆角尺可大可小时，才给出铸造圆角尺的设计范围。

（9）按照要求绘制并连接泵机组辅助管路系统。

（10）在进行设计时，要在保证可靠、实用、安全的前提下控制产品成本，而不要一味地追求降低产品成本。

（11）零件图必须要与装配图上的安装方位一致。

4.1.1.2 设计人员应掌握的基础知识

设计人员在设计产品时，应该掌握以下基础知识：

（1）最小连续流量的分类。最小连续流量包括最小连续稳定流量和最小连续热流量。最小连续稳定流量一般由实验测得，主要指在不超过标准规定的噪声和振动极限下，泵能够工作的最小流量值。最小连续热流量是指泵处于小流量工作时，部分能量变为热能，使进口处的温度升高，到某一温度时开始产生汽蚀，这一温度即为产生汽蚀的临界温度，在这种温度下，NPSHA = NPSHR，一般由计算得出。即

$$\Delta t = \frac{(1 - \eta)H}{427\eta} \leqslant (12 \sim 15)\text{K} \tag{4-1}$$

式中，Δt 表示泵进口处升高的温度（$1\text{K} = 1℃$，K 为开尔文温度）。

泵的最小连续流量是通过取最小连续稳定流量和最小连续热流量中的较大值得来的。国内泵行业一般不做最小连续稳定流量的试验，而是粗略地取泵设计流量的 30% 作为最小连续流量。

当泵的性能曲线有驼峰，如果需要避开这个工况点时，则需要由此点加大到 1.4 倍；高效点偏离设计点很多，且往大流量偏移时需要将设计流量的 40% 作为最小连续流量。

（2）泵扬程不大于 20m 时，密封自冲洗（指泵内引出的液体）管路上

可不加孔板。

（3）泵地脚螺栓埋入长度一般是其直径的 20 倍左右。

（4）键长 l 与轴直径 d 大小相同或稍大点在强度方面是没有问题的，一般取 $l = 1.5d$，但需要再校核剪切应力和挤压应力。

（5）轴上镀铬。为防止咬合，镀铬厚度一般为 0.03（或 0.05）~ 0.08mm。当用于耐磨或修补时，镀铬厚度一般不超过 0.15mm，极限为 0.20mm。镀铬厚度过大会降低轴的疲劳强度，还易引发轴脱落。

（6）为防止冲蚀或锈蚀导致泵腔内的骑缝螺钉等固件拆不下来，应选用不锈钢材料来制作这些固件。

（7）泵轴功率计算。当介质密度大于 1000kg/m³ 时，按介质实际密度来计算泵轴功率。当介质密度小于 1000kg/m³ 时，要根据是否有黏度影响来分别计算。当没有黏度影响且介质密度大于 600kg/m³ 时按介质实际密度来计算泵轴功率；当没有黏度影响，且介质密度小于 600kg/m³ 时按 600kg/m³ 介质密度来计算一个泵轴功率，再按泵的最小连续流量来计算一个泵轴功率（指水），两者取大值。当有黏度影响时，应该按实际介质（如油）的 q_V、H 和黏度下修正后的效率 η 计算泵轴功率，当黏性介质经过换算出水的 q_V、H 及其对应的效率 η，计算泵轴功率，两者取大值。

（8）仪表测量范围。仪表一般分为温度仪表和压力仪表。正常的使用温度范围应为仪表量程范围的 50% ~ 70%，最高测量值不超过量程范围的 90%。测稳定压力的正常操作压力应为量程范围的 $\frac{1}{3}$ ~ $\frac{2}{3}$，测脉动压力的正常操作压力应为量程范围的 $\frac{1}{3}$ ~ $\frac{1}{2}$。

（9）要掌握各种压力之间的关系，如相对压力与绝对压力的关系。各种压力之间的关系具体如图 4-1 所示。

图 4-1　各种压力之间的关系

（10）泵常用简易计算。

1）体积流量 q_V 与质量流量 q_m 的关系为（泵行业分别写成 Q 或 Q_m）

$$q_V = \frac{q_m}{\rho} \tag{4-2}$$

或

$$Q = \frac{Q_m}{\rho} \tag{4-3}$$

式中，q_V 和 Q 均为体积流量，单位为 m^3/h；q_m 和 Q_m 表示质量流量，单位为 kg/h；ρ 表示介质密度，单位为 kg/m^3。

2）扬程 H 与压力 ρ 的关系为

$$H = 10^4 \frac{p_2 - p_1}{\rho} = 10^4 \frac{\Delta p}{\rho} \tag{4-4}$$

式中，p_1、p_2 分别表示泵进、出口压力（kgf/cm^2，$1kgf/cm^2 = 0.980665MPa$）。两者的关系还可以表示为

$$H = 10^5 \frac{p'_2 - p'_1}{\rho} = 10^5 \frac{\Delta p'}{\rho} \tag{4-5}$$

式中，p'_1、p'_2 分别为泵进、出口压力，单位为 MPa。

4.1.2 离心泵设计注意事项

设计人员在设计离心泵产品时应注意以下事项：

（1）设计是产品研发、制造过程中的第一道工序，要特别认真对待，把握好这道工序的质量。

（2）谨遵国家相关的法律、法规和政策进行设计。

（3）按国家标准和比例会展施工制图。文字说明（如名词术语、法定计量单位、新材料代号等）必须规范。

（4）设计人员必须熟悉相关的各种国家标准、行业标准、地方标准和企业标准，设计时要严格地执行标准要求。

（5）设计人员应具备一定的与泵有关的配套零部件及产品方面的基础知识，如各种电机、机械密封、联轴器、轴承、阀门、仪器和仪表、材料及热处理等。

（6）设计人员应本着恰到好处、合情合理、经济适用的原则对零件的技术要求、几何公差、表面粗糙度、配合及其精度等进行设计。

4.2 离心泵设计过程中的常用图形

离心泵的设计离不开图样的绘制，了解和掌握设计的常用图形是做好离心泵设计的重要一步。在实际设计制造中，最常用的图形有控制图、装配图和合装图。

4.2.1 控制图

控制图是从国外引进的图样绘制技术。一些比较重要的泵在设计施工前需要以 1∶1 绘图比例来绘制控制图，这些控制图多采用细实线、无剖面线，每种零件重要的配合止口都要绘制、标注出来，包括径向、轴向尺寸、配合精度等，目的是根据这些尺寸能够绘制出零件图，并且便于在设计、生产、装配、使用各个环节处理问题时应用。一般采用序号来表示主要的零件代号、名称等。更改零件图时也需要对其控制图进行更改，其代号结尾名称标注为 K00。一般只绘制主视图，必要时也可绘制其他视图。当泵很大，一张图样画不下时，可以分成若干部件图来画，彼此要重叠一部分。

4.2.2 装配图

泵的设计离不开装配图的绘制，装配图具有全面反映泵的结构，指导装配、拆卸、维修和修配等功能。装配图中应该标注的主要尺寸及配合精度有：

（1）泵本体的长度、宽度、高度。

（2）特征尺寸，包括叶轮与轴配合尺寸及精度；轴套与轴的配合尺寸及精度；滚动、滑动轴承与轴的配合尺寸及精度；滚动轴承与轴承体配合尺寸及精度；叶轮密封环与壳体密封环尺寸。除滚动轴承配合外，其他配合尺寸及精度要用分数形式表示。

（3）吐出口或吸入口中心与轴联轴器端距离。

（4）进、出口法兰相对位置尺寸。

（5）泵转子的跳动，包括叶轮（包括轮毂）密封环外径；轴套外径；多级泵平衡盘工作端面及小直径（与平衡轴套合并时）、大直径（双平衡鼓时）；多级泵平衡板工作端面；平衡鼓的外径和轴向间隙。

（6）轴向间隙，包括轴承压盖与滚动轴承端面之间；开式或半开式叶轮与耐磨板之间；平衡盘和平衡板之间；多级泵推力滚动轴承与轴承压盖之间；多级泵推力滑动轴承与推力盘之间等。

（7）装配后看不见的螺纹大小及旋转方向，便于拆卸。

（8）泵本体未连接的管口螺纹大小。进、出口方向用箭头表示，如冷却水、密封冲洗、润滑油孔口等。

（9）泵本体进、出口方位用箭头表示。

（10）泵本体与外部设备连接尺寸，包括进、出口法兰所有尺寸（不配对焊钢法兰时）或对焊钢法兰连接尺寸；轴头与联轴器配合尺寸（轴外径、长度及键槽尺寸或标准）。

（11）大型或重要泵中还要标出拆装检修空间尺寸及质（重）量，同时还要标出泵进出口法兰受力坐标系的力和力矩图。

（12）图样中除主视图外，还可在图样右上方画一个小比例的向视图，如左视图或右视图。向视图上应表示出平衡管和抽头管方位（如果有）、壳体支撑形式、双筒体排液方位及下部键形式等。

（13）主视图应按最多级数画出来，不应该多级泵只画 4 ～ 5 级中间截断。

（14）泵的旋转方向最好用箭头表示出来，也可写在技术要求中。

（15）图样的代号以—Z00、—00 或—000 结尾。

4.2.3 合装图

合装图主要是为用户（包括设计单位）和包装提供泵机组的安装尺寸及其外形尺寸、配套零部件。图中应标注的尺寸如下：

（1）泵机组的长度、宽度、高度，也可能由几个尺寸组成。

（2）底座（泵座）的长度、宽度、高度。

（3）地脚螺栓大小和长度（当提供时）、个数及孔距，底座地脚螺栓孔的大小、个数及孔距，地脚螺栓孔与泵本体中心的相对距离。

（4）底座与泵中心的高度。

（5）进、出口法兰相对位置。

（6）进、出口法兰全部尺寸（不配对对焊钢法兰时）或对焊钢法兰连接尺寸。

（7）加长联轴器的长度。

（8）电动机本身的长度、宽度、高度。

（9）进、出口的方位，用箭头表示。

（10）泵机组的旋转方向，用箭头表示，也可在技术要求中说明。

（11）大型或重要泵应标出拆装检修空间尺寸及质（重）量，同时还应标出泵进出口法兰受力坐标系的力和力矩图。

合装图和装配图的某些尺寸会重复标注。装配图上的尺寸有些是为合装图提供的，而合装图是为用户提供的。

4.3 离心泵零部件配合及精度

离心泵已广泛应用于国民经济建设的各个领域中，其产品的设计制造不仅包含专用技术，还包含通用标准的零部件设计、零部件公差配合设计、零部件表面粗糙度设计等多方面的通用技术。这些通用技术对产品的质量、生产成本、技术水平、运行可靠性、使用寿命等方面都有着非常重要的影响。因此，如何将这些通用技术完美地用于离心泵产品设计中就显得尤为重要。

4.3.1 基轴制

泵行业与其他机械行业一样，优先采用基孔制，泵行业用到的基轴制有与滚动轴承外圈配合的轴承体内径（J7）为基轴制和与键配合的轴孔（N9）或轮毂孔（Js9）为基轴制。

4.3.2 泵零部件常用公差配合选择设计

4.3.2.1 标准公差

GB/T 1800.1—2009 规定标准公差等级代号用符号 IT（国际公差 International Tolerance 的缩略语）和数字组成，如 IT7。当其与代表基本偏差的字母一起组成公差带时，省略 IT 字母，如 h7。

GB/T 1800.1—2009 将标准公差分为 IT01、IT0、IT1 ~ IT18 共 20 级。GB/T 1800.1—2009 的正文列出了公称尺寸至 3150mm 的 IT1 ~ IT18 级的标准公差数值。标准公差等级 IT01 和 IT0 在工业中很少用到，所以在 GB/T 1800.1—2009 的正文中没有给出该两公差等级的标准公差数值。但为满足使用者需要，在 GB/T 1800.1—2009 中附录 A 给出了这些数值，而且公称尺寸只至 500mm。

GB/T 1801—2009 中附录 C 提供了公称尺寸（大于）3150 ~ 10000mm 的 IT6 ~ IT18 级标准公差数值。

4.3.2.2 基本偏差

GB/T 1800.1—2009 对基本偏差的代号规定为：孔用大写字母 A，…，ZC 表示；轴用小写字母 a，…，zc 表示（图 4-2），各 28 个。其中，H 代表基准孔的基本偏差代号，h 代表基准轴的基本偏差代号。

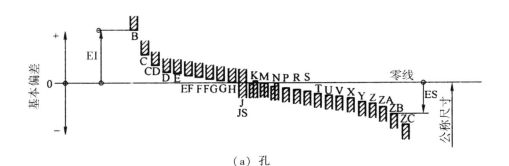

（a）孔

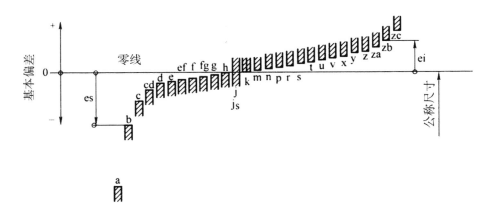

（b）轴

图 4-2　基本偏差系列示意图

GB/T 1800.1—2009 给出了公称尺寸至 3150mm 的轴的基本偏差数值及孔的基本偏差数值。

GB/T 1800.1—2009 提供了公称尺寸大于 3150～10000mm 的孔、轴基本偏差数值，供参考使用。

4.3.2.3 推荐的配合公差精度

1. 通用配合精度

通用配合精度包括平键配合、联轴器圆柱孔与轴配合及轴承体与滚动轴承配合。平键配合中，键与轮毂配合时，轮毂上键槽 Js9；键与轴配合时，轴上键槽 N9。联轴器圆柱孔与轴配合中，GB/T 1569 规定：轴径 $d \leqslant$ 30mm 时，轴径公差 j6；轴径 $d = 32 \sim 50$mm 时，轴径公差 k6；轴径 $d \geqslant 55$ mm 时，轴径公差 m6。API 610 第十版规定：圆柱形间隙配合的联轴器，且在联轴器轮毂上要用固定螺钉压在轴的键上。轴承体与滚动轴承配合中，一般情况下，孔径公差为 J7，当轴与滚动轴承配合时，轴径公差为 js6（推荐 js5）。

2. 单、两级泵配合精度

在泵体与泵盖配合止口，配合公差为 H7/h6。大泵或 II、III 类技术泵配合公差可用 H7/g6；轴与叶轮配合的配合公差为 H7/h6；轴与轴套配合的配合公差为 H7/h6。轴比较大或较长时或 II、III 类技术泵产品配合公差可用 H7/g6；轴承体与壳体（或轴承架）配合止口的配合公差为 H7/h6。II 类技术泵配合公差为 H7/g6。密封环与壳体或叶轮配合的配合公差为 H7/js6。当叶轮密封环径向螺钉固定及密封环与壳体或叶轮用样冲眼、定位孔防转时，一般用 H7/m6、H7/n6、H7/k6。喉部衬套与泵盖的配合公差为 H7/m6 或 H7/n6。在有骑缝螺钉时配合公差为 H7/js6。密封压盖与泵盖的公差配合为 H7/g6。滚动轴承压盖与轴承体配合的配合公差为 J7/f8；水冷腔盖内外径与壳体的配合公差为 H9/e8。

3. 多级泵配合精度

在单壳体多级泵中，中段与中段、中段与吸入段（或吐出段）配合止口的配合公差为 H7/js6；导叶与导叶套、导叶与中段配合止口的配合公差为 H7/js6；轴与轴瓦的配合公差为 H7/e6；平衡衬套与壳体的配合公差为 H7/js6 或 H7/h6；其他配合止口的配合公差为 H7/js6（如轴承架与吸入段或吐出段、平衡室体与吐出段等）。

在双筒（壳）体多级泵中，内壳体前端，即吸入函体外径与筒体小内径配合定位止口的配合公差为 H7/g6；内壳体后端，即末级导叶（或环形体）与泵盖配合定位止口的配合公差为 H7/g6（即装补偿器的小止口），装补偿器的大止口配合公差为 H7/e8；泵盖与筒体配合止口的配合公差为 H7/g6；轴与轴瓦的配合公差为 H7/e6；其他零件之间配合与单壳体多级泵相同。

4.3.3 泵零部件表面粗糙度选择设计

4.3.3.1 表面粗糙度概述

1. 表面粗糙度的定义

在加工制造过程中，不同的加工方法、机床和工具的精度、刀具和零件表面之间的摩擦以及切屑分离时的塑性变形等都会导致加工表面出现较小间距和较小峰、谷的微观不平状况，属于微观几何误差，即表面粗细程度。表面粗糙度对工件的摩擦系数、密封性、耐腐蚀性、疲劳强度、接触刚度及导电、导热性能等都会产生影响。

2. 表面粗糙度对机械零件的影响

表面粗糙度对机械零件产生以下影响：

（1）对机械零件耐磨性的影响。表面粗糙度的存在意味着接触的两个零件表面由于凸出小峰的存在而使接触面积只有理论接触面积的一部分。当两个零件表面有相对运动时，由于两零件实际接触面积较理论面积要小，因而单位面积上承受的压力相应增大。一般情况下，两接触表明粗糙度的状况和参数值的大小决定着实际接触面积的大小。当波谷浅时，参数值小，表面较平坦，实际接触面就大；反之，实际接触面积就小。

两零件的接触面粗糙且相对运动较快时，零件的磨损越快，耐磨性越差。因此，合理地提高零件的表面粗糙度的状况，既可减少磨损、提高零件耐磨性，又可延长其使用寿命。此外，零件的表面也并非越精细越好，超过表面精细度时，零件生产成本增加，而且由于表面过于光滑而导致金属分子吸附力增加，接触表面间的润滑油层将会被挤掉而形成干摩擦，致使金属表面加剧了摩擦磨损。因此，接触表面有相对运动时，一定要注重表面粗糙度参数值的选择。

（2）影响零件的耐腐蚀性。加工方法不同时，金属表面的粗糙度也不相同，这也就决定了它们的腐蚀速度不同。因此，降低表面粗糙度的数值，可提高耐腐蚀能力，从而延长机械设备的使用寿命。

（3）影响零件的疲劳强度。机械零件的疲劳强度除了受到金属材料的理化性能、零件自身结构及内应力等影响外，还会受到零件表面粗糙度的影响。粗糙的零件表面会出现明显的凹痕、裂纹或尖锐的切口。当零件受力，尤其受到交变载荷时，这些凹痕、裂纹或切口处会产生应力集中现象，金属疲劳裂纹往往从这些地方开始。因此适当提高零件的表面粗糙度状况，就可以增加零件的疲劳强度。

（4）影响零件的接触刚度。零件结合面在外力作用下，抵抗接触变形的能力即接触刚度。零部件之间的接触刚度在很大程度上决定了机器的刚度。两表面接触时，其实际接触面积只是理论接触面积的一部分，所接触的峰顶由于其面积减小而压强增大。外力作用易使这些峰接触变形，降低表面层的接触刚度。因此，零件表面粗糙度的提高是改善结合件接触刚度的前提。

（5）影响零件的配合性能。零件之间的配合性能是根据零件在机械设备中的功能要求及工作条件来确定的。相接触的两表面粗糙时会增加装配难度，此外，设备在运转时易于磨损，造成间隙，从而改变配合的性质，这是不允许的。对于那些配合间隙或过盈较小、运动稳定性要求较高的高速重载的机械设备零件，选定适当的零件表面粗糙度参数值则尤为重要。

（6）影响机械零件的密封性。机械零件的结合密封分为静力密封和动力密封两种。静力密封的表面加工粗糙、波谷过深时，密封性会因密封材料在装配后受到的与压力不能塞满微观不平的波谷而受到影响。动力密封面有相对运动的存在，因而需要加适当的润滑油。此外，过于精细的表面会使附着在波峰上的油分子受压后被排开，从而破坏油膜，失去了润滑作用。因此，对于密封表面来说，其表面粗糙度参数值不能过低或过高。

（7）影响零件的测量精度。零件被测表面和测量工具测量面的表面粗糙度都会直接影响测量的精度，尤其是在精密测量时。由于被测表面存在微观不平度，测头落在波峰或波谷上的读数不尽相同，因此会导致测量过程中读数不稳定现象的发生。一般情况下，被测表面和测量工具测量面的表面越粗糙，测量误差就越大。

此外，零件的镀涂层、导热性和接触电阻、反射能力和辐射性能、液体和气体流动的阻力、导体表面电流的流通等都会受到表面粗糙度的影响。

3. 表面粗糙度对机械设备功能的影响

表面粗糙度对机械设备功能的影响主要有以下两个方面：

（1）影响机械设备的动力损耗。机械设备在运转时会因克服相互接触且有相对运动的粗糙零件表面的摩擦而损耗动力。

（2）使机械设备产生振动和噪声。机械设备的运动副表面加工精细、平整光滑时，运动件的运动会相对平稳，也就不会存在振动和噪声；反之，加工粗糙的运动副表面在运动时会产生振动和噪声。这种现象在高速运转的发动机的曲轴和凸轮、齿轮，以及滚动轴承上尤为明显。因此，对机械设备运动平稳性、降低振动和噪声的研究可以从提高运动件表面粗糙度入手。

4.3.3.2 常用表面粗糙度的综合选择

表面粗糙度的选择与很多因素有关，如与泵的类型、泵的重要性有关，同时还与执行标准的第一系列或第二系列有关。以下选用的是表面粗糙度第一系列，其具体选择范围如下：

（1）圆柱形内外配合表面。叶轮与轴的范围为 $Ra3.2\mu m/Ra3.2\mu m$、$Ra3.2\mu m/Ra1.6\mu m$、$Ra3.2\mu m/Ra0.8\mu m$；轴套类与轴的范围为 $Ra3.2\mu m/Ra3.2\mu m$、$Ra3.2\mu m/Ra1.6\mu m$；平衡盘与轴的范围为 $Ra3.2\mu m/Ra3.2\mu m$、$Ra3.2\mu m/Ra1.6\mu m$、$Ra3.2\mu m/Ra0.8\mu m$；联轴器与轴的范围为 $Ra3.2\mu m/Ra3.2\mu m$、$Ra3.2\mu m/Ra1.6\mu m$；机械密封压盖与泵盖的范围为 $Ra3.2\mu m/Ra3.2\mu m$；泵体与泵盖的范围为 $Ra3.2\mu m/Ra3.2\mu m$；壳体与轴承体、中段与中段（吸入段、吐出段、导叶）、密封环与叶轮（中段、吸入段、吐出段、壳体等）、吐出段与平衡室体（平衡套、末导叶）、吸入段与密封体（轴承体、冷却室体）等的范围为 $Ra3.2\mu m/Ra3.2\mu m$；滚动轴承与轴中轴的范围为 $Ra1.6\mu m$、$Ra0.8\mu m$；轴承体与滚动轴承中轴承体的范围为 $Ra3.2\mu m$。

（2）配合端面。叶轮轮毂端面、轴套类端面、段与段端面、轴承体端面与轴承压盖端面（轴承端盖端面、轴承架端面）等的表面粗糙度设计为 $Ra6.3\mu m$、$Ra3.2\mu m$。

（3）滑动轴承部分、圆柱形内外配合表面。轴瓦与轴的范围为 $Ra1.6\mu m/Ra1.6\mu m$、$Ra1.6\mu m/Ra0.8\mu m$、$Ra0.8\mu m/Ra0.4\mu m$；轴瓦与轴承体（轴承盖压环）的范围为 $Ra3.2\mu m/Ra3.2\mu m$；轴承体与轴承端（压）盖的范围为 $Ra6.3\mu m/Ra6.3\mu m$、$Ra3.2\mu m/Ra3.2\mu m$；滑动轴承部分配合端面、轴承体槽与挡油环凸台的范围为 $Ra3.2\mu m$。

（4）一般转动摩擦面及端面。圆柱形摩擦副内外配合表面中的密封轴套外表面的范围为 $Ra3.2\mu m$、$Ra1.6\mu m$；壳体密封环与叶轮（叶轮密封环）、导叶套与叶轮轮毂（轮毂密封环）、平衡衬套与平衡轴套（平衡鼓）、平衡板压套与平衡盘的范围为 $Ra3.2\mu m/Ra3.2\mu m$、$Ra3.2\mu m/Ra1.6\mu m$；喉部衬套（节流衬套或中间衬套）与轴套（轴）的范围为 $Ra3.2\mu m/Ra3.2\mu m$、$Ra3.2\mu m/Ra1.6\mu m$；摩擦副端面平衡盘与平衡板端面、推力盘两端面范围为 $Ra1.6\mu m \sim Ra0.4\mu m$。

（5）螺纹配合。轴上螺纹、主螺柱上螺纹、穿杠上螺纹（包括螺母）

的范围为 $Ra3.2\mu m$ ；普通内外螺纹及内外管螺纹的范围为 $Ra6.3\mu m$ 。

（6）零件的密封面。用石棉板、铝板的密封面的范围为 $Ra6.3\mu m$ ；用模糙纸（青壳纸）的密封面的范围为 $Ra3.2\mu m$ ；用 O 形圈的密封面的范围为 $Ra3.2\mu m$ ；用八角环垫的密封面的底部范围为 $Ra3.2\mu m$ ；两侧面范围为 $Ra1.6\mu m$ 、 $Ra0.8\mu m$ ；用缠绕垫的密封面范围为 $Ra3.2\mu m$ 、 $Ra1.6\mu m$ 。

（7）叶轮表面。叶轮前后盖板表面中重要泵范围为 $Ra3.2\mu m$ ；一般多级泵、石化泵范围为 $Ra6.3\mu m$ ；化工泵范围为 $Ra12.5\mu m$ ；清水泵范围为 $Ra12.5\mu m$ 、 $Ra25\mu m$ 。

4.4　常用的离心泵水力设计方法

离心泵的水力设计一般采用以下两种常用的设计方法：

（1）模型换算法。模型换算法是企业最常用也是最可靠的一种方法。模型换算法的关键是选取合适的模拟泵，主要要求有模型泵的综合水平高、效率高、高效区宽广、 $H-q_V$ 性能曲线无驼峰、汽蚀性能好。模型换算法包括比较法和查表法两种。

1）比较法。比较法是指比较国内外同类型、同性能或相近性能的泵。单级泵（包括单级双吸）有大量的模型泵可以选择。我国泵行业引进了多种泵类产品并开展了大量的水力模型研究，这些研究主要集中在单级泵上，对多级泵的研究较少。

2）查表法。已知效率高低的泵即可作为模型泵。另一种方法是与 GB/T 13007—2011 中曲线 A 进行对比，其中位于图中效率曲线 A 在3%～5%的为世界水平，高于5%的为世界先进水平。这种方法可以选取模型泵，还可以衡量设计泵的效率水平如何。

（2）实物泵的改造设计。寻找近似性能的泵进行改造，比原泵流量 q_V 可大点或小点，扬程 H 可高点或低点。扬程 H 不变时，如果流量 q_V 要求大点，可适当加大涡室和叶轮宽度 b_2 ，反之亦然；流量 q_V 不变时，如果扬程 H 要求高点，可加大叶轮直径，在涡室基圆允许的情况下，可以不加大涡室的直径，反之亦然；如果 H 要求高很多，涡室基圆也需要加大。 H 、 q_V 均要变化，原理是一样的，但如果改得较多，改造的成功率及把握性不大，可靠性也会差一些。改造设计最佳的办法对性能相似的泵只进行某一参数修改，充分保证改造的成功率。目前，大部分泵都采用这种方法进行设计，多级泵也可以采用这种方法进行设计。当然相似泵的水平也要类似于模型泵。

4.5　离心泵产品的开发设计程序

离心泵的设计在一定程度上决定了离心泵能否满足生产性能要求。在开发新的离心泵产品时，要严格遵循产品开发设计程序，保证新产品的质量及用户满意度。

4.5.1 产品开发设计总则

产品开发决策是企业根据国家规定的产品方向、发展规划及产品标准的要求，在技术调查、市场调查的基础上制定的。产品设计就是创造性地建立满足实际性能要求的技术系统的活动过程。产品设计以满足生产性能为目的，一定的功能要求会促进产品发展。产品性能、质量、成本和企业经济效益等均会受到产品设计的影响，用户对产品的满意度在一定程度上取决于产品设计能否满足实际性能要求。因此，在开发产品时，要重视产品的开发设计，严格执行新产品开发设计程序。

4.5.2 产品开发程序

新产品的开发首先要提出任务、在调查研究的基础上设计开发产品，最终实现产品顺利投市，一般情况下，新产品的开发分为产品开发计划阶段、产品开发设计阶段、产品样机试制阶段、（小批量）生产阶段和销售阶段五个阶段。表 4-1 所示为产品开发的程序。

表 4-1　产品开发程序

产品开发计划程序	销售部门完成市场调查并提出报告 设计部门完成技术调查并提出报告 总工程师（或责成总师办）做出关于新产品开发决策的决定，总师办负责签订技术协议并下达新产品开发设计计划任务书
产品样机设计程序	方案设计（初步设计）、技术设计、工作图设计

产品开发试制程序	将样机试制列入企业生产计划，设计、工艺及技术服务等部门共同完成技术文件 对试制鉴定大纲、试制总结、型式试验报告、技术经济分析报告（一、二级产品）、标准化审查报告等文件进行鉴定 鉴定会由总工程师（或总师办主任）主持，设计、工艺、铸造、焊接、热处理、生产、计划、供应、检验、质量、制造及标准化等部门人员参加
（小批量）生产程序	生产部门下达整理图样计划，设计部门进行整理图样 生产部门组织生产 定型鉴定（一、二级产品）：鉴定文件包括小批生产工艺验证报告、质量检查分析报告、运行使用报告，鉴定会与产品样机鉴定相同
销售程序	售后服务部门组织进行产品安装、调试、培训等工作，并及时进行产品的信息反馈

4.5.3 产品开发计划程序

产品开发计划程序包括调查研究（市场调查、技术调查）和新产品开发决策两个部分，其具体要求如下：

（1）市场调查。市场调查是指了解国内外市场对产品需求的品种、规格、质量（包括外观质量）、销售量、成套范围及用户反映等。企业的销售部门一般负责市场调查工作，且在调查后需要提交相关报告。

（2）技术调查。技术调查是指了解有关产品的技术现状（性能指标、运行可靠性、系统和配套情况等）及国内外同类产品技术水平、技术发展动向等。技术调查一般由企业的设计部门负责并提出相关报告。

（3）新产品开发决策。基于市场调查和技术调查的基础的新产品开发决策通常由企业总工程师听取和审阅调查报告并做出决定，由总工程师办公室负责签订技术协议、提出新产品设计计划任务书。计划任务书一般包括：开发新产品的目的和意义；新产品的技术参数、结构特点和质量要求；市场需求情况；经济效益评估和完成日期。

4.5.4 产品开发设计程序

产品开发设计程序主要包括方案设计（初步设计）、技术设计和工作图设计等。表4-2所示为产品设计的具体程序。

表 4-2　产品设计程序

方案设计	产品包括一、二级产品及需要进行长期专项研究的三级产品 相关技术资料包括产品试制计划任务书、研究试验大纲、研究试验报告、总装配图草案、市场调查报告等。所有材料均需室主任审查签字 方案设计评审是指由总工程师（或总师办）主持，设计、工艺、铸造、焊接、热处理、生产、销售等部门人员参与，对产品的总体方案和技术任务书内容进行评审
技术设计	全部产品（系列产品仅对典型产品进行）均需进行技术设计 相关技术资料包括技术设计说明书、总装配图、主要零部件图、技术经济分析报告（一、二级产品）等。组长校阅，室主任审核 技术设计评审是指总工程师（或总师办）主持，设计、工艺、铸造、焊接、热处理、生产、供应、检验、质量、密封和标准化等部门人员参与，对技术任务书修改补充，对设计方案对比分析，总体结构及工艺性评审
工作图设计	全部设计图样：总装配图（包括明细栏）、零部件图样、安装图、控制图、系统图（必要时）、图样目录、零件明细栏和文件目录等 技术文件：计算书、产品技术条件、质量控制文件（一、二级产品必需）、试验大纲、装箱单、包装图样和文件、标准化审查报告等 设计工作图程序：组内校阅并提出修改意见；室主任审核，形成审核记录；标准化部门审查，编写审查报告：工艺、铸造、焊接、热处理等部门审查，形成审查记录；设计部门负责人批准；总工程师批准（重大产品）；全部资料交给档案室，并做好相应记录

4.5.5 产品样机试制程序

产品样机试制程序包括样机试制、样机鉴定两部分，其具体要求如下：

（1）样机试制。在签合同后，需将样机试制列入工厂生产计划，生产技术服务由设计与工艺部门负责。试制阶段，设计部门应完成使用说明书（必要时需有安装说明书）、试制总结（工艺、工装的总结由工艺部门提供）、试制鉴定大纲、标准性能曲线及用户要求的其他文件，并为销售部门编制样本提供资料。样机试验完毕，由试验车间提供型式试验报告。

（2）样机鉴定。样机鉴定前，设计部门需要对试制鉴定大纲、试制总结、型式试验报告、技术经济分析报告（一、二级产品必需）、标准化审查报告等文件进行汇总。若具备鉴定条件，在备齐鉴定文件后，设计部门向总工程师办公室提出"申请鉴定报告"，并提交审查全部鉴定文件。总工程师（或责成总工程师办公室主任）主持鉴定会，设计、工艺、铸造、焊接、热处理、生产、计划、供应、检验、质管、制造和标准化等部门人员参加会议，鉴定内容包括样机是否达到订货合同、技术协议的要求及计划任务书规定的技术经济指标；在试制过程中发现的设计、工艺、制造质量等方面的问题及改进意见；图样和技术文件是否正确、齐全等进行评价。此外各部门还需对改进设计、改进工艺、改进质量等问题做出决定并对重大改进方法做出评审。

4.5.6 生产程序（小批量）

样机鉴定合格后，生产部门下达整理图样计划，设计部门执行计划。生产部门通过组织小批量产品生产来进一步验证制造工艺。一、二级产品还需进行小批量投产后的定型鉴定。小批量生产工艺验证报告由工艺部门完成，新产品质量检查分析报告由质量检验部门提出，产品运行使用报告由用户服务部门提出。

4.5.7 销售程序

样机及批量生产产品投入使用后，要做好售后服务工作，如指导或协助安装、调试，培训操作技术人员等。服务工作主要由制造部门负责，技术部门辅助完成。用户服务部门则负责了解产品在使用过程中出现的问题和用户反映，并及时向有关设计、工艺、制造等部门反馈信息，改进产品。

第5章 离心泵核心部件设计

人们在日常生活和生产的各个领域中都能看到离心泵的身影，离心泵是一种应用广泛的通用机械。随着我国经济的发展，离心泵的数量也在持续增长，但是我国离心泵的水力效率普遍较低，因此还应加大研究力度来提高离心泵产品的效率，尤其是对离心泵核心部件的设计研究。

5.1 离心泵叶轮水力设计

叶轮是离心泵的关键部件，它能把原动机的能量通过离心力的作用传递给泵内的液体，增加液体的速度和压力，促使泵内液体排出去，进口管路中的液体被吸进来。因此，叶轮的水力设计对离心泵性能至关重要。

5.1.1 泵轴径和叶轮轮毂直径的初步计算

叶轮轮毂直径 d_h 是直接影响叶轮流道形状的几何尺寸，泵轴直径决定叶轮轮毂直径 d_h 的大小，泵轴的最小直径应由其承受的外载荷（拉、压、弯、扭）、刚度及临界转速条件确定，因为扭矩是泵轴最主要的载荷，所以在开始设计时，可用下式按扭矩确定泵轴的最小直径 d（通常接近于联轴器处的轴径）

$$d = \sqrt[3]{\frac{M_n}{0.2\,[\tau]}} \qquad (5-1)$$

式中，M_n 表示扭矩，单位是 N·m；$[\tau]$ 表示材料的许用切应力，单位为 Pa。又

$$M_n = 9550\,\frac{P_C}{n} \qquad (5-2)$$

式中，P_C 表示计算功率，单位为 kW，可取 $P_C = 1.2P$。

此外还应考虑刚度和临界转速的影响因素，根据实际情况设计泵，适当修改粗算的轴径，并圆整到标准直径。设计完泵转子后，需要对轴的强度、刚度和临界转速进行详细的校核。

确定出泵轴的最小直径后，参考类似结构泵的泵轴，画出轴的结构草图。根据轴各段的结构和工艺要求，确定装叶轮处的轴径 d_B 和轮毂直径 d_h。在对泵轴进行设计时，需要使叶轮轮毂直径能够保证轴孔在开键槽之后有一定的厚度，使轮毂具有足够的强度，通常 $d_h = (1.2 \sim 1.4)d_B$。在轮毂结构强度得到满足的情况下，应该通过减少 d_h 来改善流动条件。

5.1.2 相似理论方法设计程序

5.1.2.1 相似理论计算法

相似理论计算法又称模型换算法，它不只是叶轮的水力设计方法，也是泵的一种水力设计方法。尽管叶轮是泵极为重要的部分，但是同一个叶轮换上不同的压水室会有不同的性能。因此，相似理论计算法适用于整个泵的过流部分设计。

如果两台泵几何相似，工况也相似，并且对应的尺寸比值不太大（不超过3），转速之比也不大（不超过2），则可认为它们的机械效率 η_m、容积效率 η_V、水力效率 η_h 均相等，因而总效率也相等，这种情况下两泵的比转速相等。相似定律公式中有角标 m 的参数代表模型泵性能参数，无角标的参数代表实型泵性能参数。

5.1.2.2 设计步骤

相似理论计算法可先用设计参数计算出比转速 n_s，而后在水力模型库中找到一个比转速 n_s 与计算比转速 n_s 相等或相近的水力模型，而且水力性能和汽蚀性能均理想的模型泵，然后根据相似定律公式换算尺寸比值和特性曲线。具体步骤如下：

（1）求所设计泵的比转速 n_s，根据给定的参数，按公式计算泵的比转速 n_s。

（2）根据比转速 n_s 在水力模型库中选择模型泵。选模型泵时，要注意以下几点要求：

1）模型泵的比转速要与所设计泵的比转速相等或很接近。

2）模型泵的效率要高，高效区要宽。

3）模型泵的汽蚀性能要好，它的汽蚀比转速 C 应比较理想。

4）模型泵的特性曲线形状最好没有驼峰。

5）实型泵和模型泵的雷诺数之比要小（1～15），这样就不会失去其相似性。雷诺数计算公式如下

$$Re = \frac{u_2 D_2}{v} \qquad (5-1)$$

式中，D_2 表示叶轮外直径，单位为 m；u_2 表示叶轮外直径处的圆周速度，单位为 m/s；v 表示输送液体的运动黏度，单位为 m²/s。

6）实型泵和模型泵扬程之比 $\frac{H}{H_m}$ 要满足以下要求：模型泵的汽蚀性能接近实型泵的汽蚀性能时，应满足 $\frac{H}{H_m} = 1～1.25$；为了保证相似性，应满足 $\frac{H}{H_m} \leqslant 2$，同时满足第⑤项的要求，因此尺寸比值为 $\lambda = \dfrac{1～15}{\sqrt{\dfrac{H}{H_m}}}$；对于多级泵，叶轮进口处轮毂也要相似，选择模型时应尽量使 $\frac{H}{H_m} = 1$。

7）模型泵叶轮的外径 $D_{2m} \geqslant 300mm$。

（3）计算相似工况点。模型泵选定后，在模型泵的特性曲线图上画出模型泵的比转速 n_{sm} 与流量 q_V 的关系曲线。该方法是找几个工况点，将其 q_V 及 H 代入比转速的公式，即可求得几个比转速 n_{sm}，将算得的 n_{sm}、q_V 绘入特性曲线图中，并以曲线连接之，即得到 $n_{sm} - q_V$ 曲线，如图 5-1 所示。

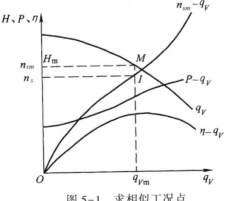

图 5-1 求相似工况点

作一条 $n_{sm} = n_s$（步骤 1 中所求得的）的横线，与曲线 $n_{sm} - q_V$ 相交于点 I，再从点 I 做垂线向上，交特性曲线 $H - q_V$ 于 M 点，M 点的比转速 $n_{sm} = n_s$，故 M 点为相似工况点，于是得到相似工况点的扬程 H_m 和流量 q_{Vm}。

（4）计算所设计的泵和模型泵的尺寸比值 λ ，计算公式为

$$\lambda = \frac{D}{D_m} = \left(\frac{n_m q_V}{n q_{Vm}}\right)^{1/3} \tag{5-2}$$

（5）绘制图样。根据尺寸比值 λ 及模型泵的图样尺寸数据，绘制所设计泵的图样。

（6）换算所设计泵的特性曲线。在模型泵的扬程特性曲线上取点1、2、3、…，得到各点的扬程和流量 (H_{m1}, q_{Vm1})、(H_{m2}, q_{Vm2})、(H_{m3}, q_{Vm3})、…，将各组的扬程和流量数据代入相似定律公式 $q_V = \frac{n}{n_m}\lambda^3 q_{Vm}$，$H = \left(\frac{n}{n_m}\right)^2 \lambda^2 H_m$。于是得到所设计泵的各组扬程和流量 (H_1, q_{V1})、(H_2, q_{V2})、(H_3, q_{V3})、…，并作出其扬程特性曲线 $H - q_V$，如图5-2所示。

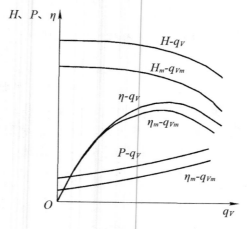

图5-2　性能曲线换算

根据两相似泵工况相似时两泵的效率可认为相等这一点，作出曲线 $H - q_V$ 的同时，也可作出效率特性曲线 $\eta - q_V$。有了效率特性曲线，就可进一步把功率特性曲线作出。

（7）确定泵轴功率。如果模型泵与实型泵的尺寸比值 λ 很大或很小，则实型泵的水力效率要明显地比模型泵的水力效率高或低，因此实型泵的扬程就会偏高或偏低。此外，如果 λ 值很大或很小，叶轮尺寸按 λ 值放大或缩小，而叶轮的叶片厚度常常不能按 λ 值加厚，则会使叶轮叶片太厚或太薄，导致铸造工艺方面出现困难。而如果减薄或加厚叶片，则叶轮通道会加大或减小，使实型泵的流量也偏大或偏小。为了使设计出来的实型泵

的扬程和流量均不偏大或偏小，需要对上面的设计进行修改。在此情况下，上面的第（5）步绘图可先不进行，待修正 λ 以后再绘制。

5.1.2.3 模型泵的改造

用相似理论计算法设计泵时。如果找不到性能好的比转速相等或很相近的泵，则可找一个性能好而比转速相差不是太大的泵，把它改造后作为模型泵。改造的方法是对模型泵叶轮进行切割，切割以后作为模型泵使用。切割的方法是经过该泵的最佳工况点做一个切割抛物线（即顶点在坐标原点的抛物线，$H = Kq_V^2$），而后在此抛物线上取若干点，以这些点的 H 及 q_V 代入比转速 n_s 的公式，计算出各点的比转速，再做出比转速与流量（抛物线上的）的关系曲线，再在此关系曲线上取一点，使其比转速等于实型泵的比转速，再从此点做垂直线交抛物线于一点，而后计算切割后的模型泵叶轮直径，使模型泵特性曲线经过该点，然后就可用切割后的泵作为模型泵进行模型换算设计。

除此之外，还可以用适当加宽或缩小叶轮轴面液流流道的方法来改造模型泵。其方法如下：设实型泵的比转速为 n_s，选一个模型泵，其比转速不等于 n_s，则可用下式计算出 K，即

$$n_s = \frac{3.65 n_m \sqrt{K q_{Vm}}}{H_m^{3/4}} \tag{5-3}$$

式中，n_m 表示模型泵最佳工况下的转速，单位为 r/min；q_{Vm} 表示模型泵最佳工况下的体积流量，单位为 m^3/s；H_m 表示模型泵最佳工况下的扬程，单位为 m；K 表示系数。K 可通过公式 $K = \dfrac{n_s^2 H_m^{3/2}}{(3.65 n_m)^2 q_{Vm}}$ 计算。求得 K 后，就可将所选泵的叶轮的轴面投影图放宽 K 倍，而后作为模型泵使用。

5.1.2.4 轮毂的相似条件

在相似设计中，要求叶轮轮毂也相似，但是从强度的观点出发，则又往往不能如此。轮毂直径的大小主要取决于轴径的大小。由泵的相似理论和轴径按转矩计算的强度公式可得实型泵和模型泵的轴径比值，即

$$\frac{d}{d_m} = \frac{D}{D_m} \left(\frac{H [\tau]_m}{H_m [\tau]} \right)^{\frac{1}{3}} = \lambda \left(\frac{H [\tau]_m}{H_m [\tau]} \right)^{\frac{1}{3}} \tag{5-4}$$

式中，d、d_m 分别表示实型泵和模型泵的轴径，单位为 m；D、D_m 分别表

示实型泵和模型泵的任一线性尺寸，单位为 m；H、H_m 分别表示实型泵和模型泵的扬程，多级泵则为总扬程，单位为 m；$[\tau]$、$[\tau]_m$ 分别表示实型泵和模型泵泵轴材料的许用剪应力，单位为 Pa；λ 表示实型泵和模型泵的尺寸比值。若许用应力相等，则式（5-4）变为

$$\frac{d}{d_m} = \lambda \left(\frac{H}{H_m}\right)^{\frac{1}{3}} \tag{5-5}$$

从式（5-4）和式（5-5）可以看出，若两台泵的扬程和轴许用应力都相等时，即使泵的尺寸相差很大，轴径比值仍为尺寸比值，即轮毂直径可以相似。单级泵的轮毂一般较厚，且轴的许用剪应力允许变化范围较大，因此扬程相差不是很悬殊的话，轮毂部分还是可以相似的。多级泵通常会通过直径小的轮毂来提高泵的效率，因此轮毂部分尺寸的富余量不大，用低扬程模型泵设计高扬程的泵，轮毂尺寸就显得不够，需要修改。例如，用扬程不很高的多级泵作为高扬程给水泵的模型时，因给水泵强度计算时轴径较粗，而由模型泵换算的轴径较细，因此应在结构上采取措施，即可以将给水泵叶轮进口内轮毂取消，而将轴径增加到轮毂直径，其他部分轴径相应增加以满足强度要求，而在叶轮后盖板上的轮毂直径可以加粗以传递转矩而不影响相似。在设计实型泵时，应尽量使其总扬程与模型泵总扬程相接近，轮毂才有条件相似。

5.1.3 速度系数法的应用

速度系数法的实质是一种相似设计法，其与模型换算法的区别在于需要建立一系列相似泵基础上的设计，是按相似原理导出的计算公式及相应的统计系数计算过流部的各部分尺寸。一般情况下，速度系数法可用于确定叶轮轴面积投影图的主要尺寸、绘制叶轮轴面投影图及轴面液流流线、确定叶片数等。

5.1.3.1 确定叶轮轴面投影图的主要尺寸

由相似原理得出一系列几何相似、运动相似的泵，其中 $\frac{Q}{nD^3}$ = 常数，得

$$D = k_1 \sqrt[3]{\frac{Q}{n}} \tag{5-6}$$

$v \propto nD$ ，得

$$v = k_2 \sqrt[3]{Qn^2} \qquad (5-7)$$

$\dfrac{H}{n^2 D^2}$ = 常数 ，得

$$D = k_3 \frac{\sqrt{H}}{n} \qquad (5-8)$$

或

$$D = k_4 \frac{\sqrt{2gH}}{n} \qquad (5-9)$$

其中 k_1，k_2，…，k_5 称为相似系数，对相似泵来说这些系数为常数。

利用 n_s 和速度系数的关系（公式、曲线、数据），求得这些系数，根据上述公式可以计算出各部分尺寸。

（1）叶轮进口直径 D_j。叶轮分为有轮毂穿过叶轮进口（穿轴叶轮）和无轮毂（悬臂式叶轮），为从研究问题中排除轮毂的影响，即考虑一般情况，引入叶轮进口当量直径 D_0 的概念。以 D_0 为直径的圆面积等于叶轮进口去掉轮毂的有效面积，即

$$\frac{D_0^2 \pi}{4} = \frac{(D_j^2 - d_h^2) \pi}{4} \qquad (5-10)$$

D_0 按式（5-6）确定为

$$D_0 = k_0 \sqrt[3]{\frac{Q}{n}} \qquad (5-11)$$

$$D_j = \sqrt{D_0^2 + d_h^2} \qquad (5-12)$$

式中，k_0 表示速度系数，可以根据统计资料进行选取，如果主要考虑效率 $k_0 = 3.5 \sim 4.0$；兼顾效率和汽蚀 $k_0 = 4.0 \sim 4.5$；主要考虑汽蚀 $k_0 = 4.5 \sim 5.5$。

（2）叶轮出口直径 D_2。按式（5-6）得

$$D_2 = k_{D2} \sqrt[3]{\frac{Q}{n}} \qquad (5-13)$$

$$k_{D2} = (9.35 \sim 9.6) \left(\frac{n_s}{100}\right)^{-\frac{1}{2}} \qquad (5-14)$$

比转速小时，系数取较大值。按式 $v = k_2 \sqrt[3]{Qn^2}$，$u_2 = k_{u2} \sqrt{2gH}$ 得

$$D_2 = \frac{60 u_2}{n \pi} \qquad (5-15)$$

其中 k_{u2} 由图 5-3 可以查出

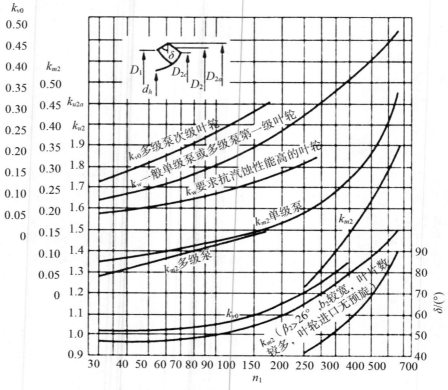

图 5-3　离心泵及混流泵的速度系数

（3）叶片出口宽度 b_2。按式 $v = k_2\sqrt[3]{Qn^2}$，$v_{m2} = k_{m2}\sqrt{2gH}$ 得

$$b_2 = \frac{Q}{\eta_V \pi D_2 \varphi_2 v_{m2}} \tag{5-16}$$

速度系数 k_{m2} 由图 5-3 查得，叶片出口排挤系数 φ_2 一般取 $0.85 \sim 0.95$，小泵取小值，大泵取大值。对于小 n_s 叶轮，b_2 根据工艺可能性加宽，当 n_s 大于 200 时，k_{b2} 应乘以小于 1 的修正系数 k。

5.1.3.2 绘制叶轮轴面投影图

设计 $v_{u1} = 0$ 的离心泵叶轮时，此项工作可移至精算 D_2 之后。

（1）绘制轴面投影图。叶片进口边可以根据已求得的叶轮轴面尺寸和画出的叶轮轴面投影图来确定。画图时最好参考 n_s 相近、性能良好的叶轮图，在充分考虑设计泵的具体情况基础上加以修改。绘制轴面投影图的形状时, 应考虑前、后盖板出口保持一段平行或对称变化; 流道转弯不应过急, 在轴向结构允许的条件下, 以采用较大的曲率半径为宜; 在轴面投影图上, 叶片进口边与前盖板交点 M 的径向尺寸可等于或略大于叶轮进口直径 D_j。对低比转速泵, 进口边可平行于轴心线, 也可以倾斜布置, 使其向叶轮吸入口适当延伸, 这有利于避免 $H-Q$ 曲线出现驼峰。对中高比转速泵, M 点和进口边与后盖板交点 N 的连线, 同轴心线的夹角可取 $30° \sim 45°$, 混流泵可取 $40° \sim 65°$。过大的夹角会增加后盖板流线进口安放角。过 M 点和 N 点的直线或凸向叶轮进口的光滑曲线即为叶片进口边的轴面投影。绘制轴面投影图时, 还可以参考下述做法, 根据图 5-4 给出的参数进行取值, $Z_E = (D_{2a} - D_h)(\frac{n_s}{74})^{1.07}$、$R_{DS} = (0.6 \sim 0.8)b_1$, 其中 $b_1 = \frac{D_j - d_h}{2}$。

叶轮出口前盖板角度 ε_{DS} 影响叶轮出口速度分布, 通常根据比转速确定。$n_s \le 20$ 时, ε_{DS} 取小值, 有时为 0; 对于高比转速离心叶轮, ε_{DS} 可取 $15 \sim 20°$。

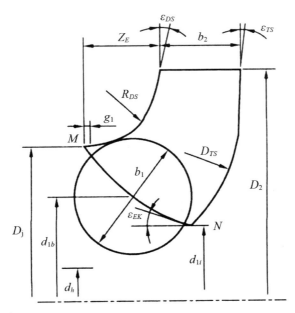

图 5-4 叶轮轴面投影图设计尺寸

叶轮出口后盖板角度 ε_{TS} 同样可根据比转速确定。$n_s \le 30$ 时, ε_{TS} 取小值, 有时为 0, 甚至为负值; 对于高比转速离心叶轮, ε_{TS} 一般为正值, 且 $\varepsilon_{TS} < \varepsilon_{TS}$。向叶轮进口处移动进口边能够提高流动性能、获得较低的叶片载荷、使低压峰值处于适宜范围并可以减少汽蚀。叶片进口边不应放置在

前盖板高曲率部分，而应放置在距前盖板曲线开始端距离为 $g_1 = $ （0.2 ～ 0.3）b_1 的地方。对于小泵或考虑在叶轮轴向有小的延伸的泵，Z_E 和 R_{DS} 应该比公式 $Z_E = (D_{2a} - D_h)(\frac{n_s}{74})^{1.07}$ 、$R_{DS} = $ （0.6 ～ 0.8）b_1 计算值小一些。

（2）检查轴面流道过水断面变化情况。画好轴面投影图之后，应检查流道的过水断面变化情况，如图 5-5 所示。

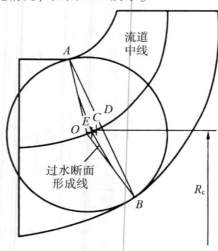

图 5-5   轴面液流过水断面

图中，曲线 AEB 和各轴面流线相垂直，是过水断面形成线，其作法如下：在轴面投影图内，作前后盖板流线的内切圆，切点为 A、B。将 A、B 与圆心 O 连成三角形 AOB。把三角形 AOB 的高 OD 分为 OE、EC、CD 三等份。过点 A、E、B 作光滑曲线 AEB，使该曲线在点 A 与 OA 线相切，在点 B 与 OB 线相切。曲线 AEB 即过水断面的形成线，其长度 b 用软尺量得，也可近似按下式计算

$$b = \frac{2}{3}(s + \rho) \qquad (5-17)$$

式中，s 代表内切圆弦 AB 的长度；ρ 表示内切圆半径。

过水断面形成线的重心近似认为和三角形 AOB 的重心点 C 重合，重心半径为 R_c。轴面液流的过水断面是以过水断面形成线为母线绕轴线旋转一周所形成的旋转面。其面积按公式计算 $S = 2\pi R_c b$。

当求得过水断面面积后，可以生成图 5-6 所示的过水断面面积沿流道中线（内切圆圆心的连线）的平直或光滑的变化曲线。考虑汽蚀性能，一般是进口部分凸起的曲线。若曲线形状不良，应修改轴面投影形状，直到

满足要求为止。

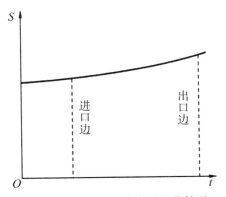

图 5-6　轴面液流过水断面变化情况

（3）绘制轴面流线。流面和轴面的交线即轴面流线，它绕轴线旋转一周后会得到一个流面。要分流面，只要把整个叶轮流道分成几个流量相同的小流道即可。按一元理论，速度沿同一个过水断面均匀分布，只要把总的过水断面分成几个相等的小过水断面即可。小过水断面的面积为 $\Delta S_i = 2\pi R_{ci} b_i$，沿同一过水断面应满足 $R_{ci} b_i =$ 常数。具体作分流线时，可以在过水断面形成线上，在前、后盖板之间找到中间流线上的点，使得 $R_{c1} b_1 = R_{c2} b_2$，进而作出中间流线。比转速较小的泵，只需在前盖板流线和后盖板流线之间画一条线，即中间流线。对于比转速小于 40 的泵，其中间流线以前后盖板为轴面流线。对于比转速较大的离心泵和混流泵，需要在中间流线划分的基础上，在相邻的两条流线之间继续划分流线，方法同上，如图 5-7 所示。

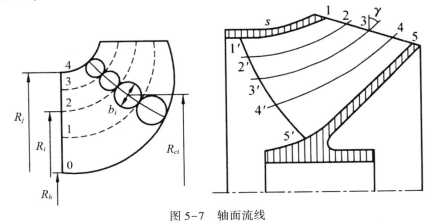

图 5-7　轴面流线

5.1.3.3 确定叶片数

泵的效率、扬程以及汽蚀性能都会受到叶片数的影响。通常认为离心泵（混流泵）的叶片数 Z 与比转速 n_s 密切相关, n_s 越小, 为避免叶片单位面积上的负荷过大, Z 值应越大, 见表 5-1。

表 5-1 Z 与 n_s 的关系

n_s	$30 \sim 45$	$45 \sim 60$	$60 \sim 120$	$120 \sim 300$	>300
Z	$8 \sim 10$	$7 \sim 8$	$6 \sim 7$	$4 \sim 6$	$3 \sim 5$

但 Z 是与叶轮出口直径 D_2、叶片出口安放角 β_2、叶片出口宽度 b_2、叶片包角 φ 等叶轮几何参数一起互相关联地影响着泵的性能, 因此为满足泵 H-Q 曲线形状的要求, 需要将 Z 与 β_2, D_2, b_2, D_j 按图 5-8 和图 5-9 给出的规律相关联着确定; 为使叶片间流道的扩散度能取得最佳值, 叶片数 Z 与包角 φ 的乘积 $Z\varphi$ 可参照表 5-2 确定。

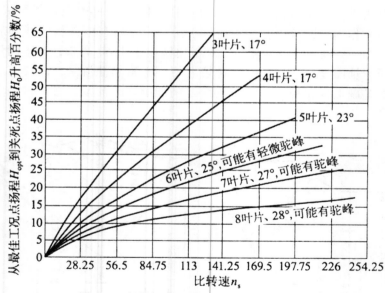

图 5-8 根据扬程变化确定叶片数及出口角

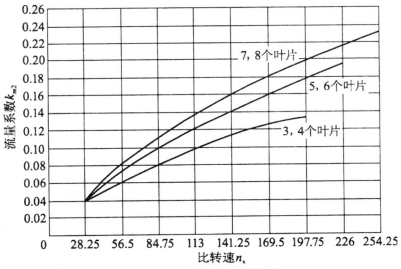

图 5-9 k_{m2} 与 n_s ，Z 的关系

表 5-2 $Z\varphi$ 与 n_s 的关系

n_s	$30 \sim 50$	$55 \sim 70$	$80 \sim 120$	$130 \sim 220$	$230 \sim 280$
$Z\varphi/360°$	$2.3 \sim 2.1$	$2.1 \sim 1.9$	$1.9 \sim 1.7$	$1.8 \sim 1.5$	$1.65 \sim 1.4$

待叶轮叶片进、出口安放角 β_1，β_2 确定后，还可以根据如下公式进行计算

$$Z = 6.5 \frac{R_2 + R_1}{R_2 - R_1} \sin \frac{\beta_1 + \beta_2}{2}$$

$$(5-18)$$

根据所得的 Z 估算值，对已选的 Z 值做必要的修正。上式中 R_2 表示的是叶轮出口半径；R_1 表示的是轴面流道中线与叶片进口边交点的半径。图5-10为长短叶片的示意图，比转数比较小的

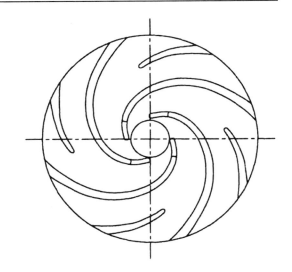

图 5-10 长短叶片示意图

泵可以通过在长叶间设置短叶片来冲刷尾流，并以此来防止尾流的产生和发展；通过增大有限叶片泵数可以增加泵的扬程，从而减少叶轮外径，改善流速分布，提高泵性能。

5.2 离心泵压水室水力设计

蜗形体、径向式导叶、流道式导叶、空间导叶和环状压水室等构成了离心泵的压水室。离心泵的压水室可以将叶轮中流出的液体收集起来并送往下一级叶轮或管路系统；可以降低液体的流速，实现动能到压能的转化，并可减小液体流往下一级叶轮或管路系统中的损失；可以消除液体流出叶轮后的旋转运动，以避免由于这种旋转运动带来的水力损失。

5.2.1 螺旋型压水室的设计

螺旋型压水室又可称为蜗壳或蜗室，其设计通常包括蜗壳的平面设计、断面形状设计、各界面及扩散面面积计算以及蜗壳水力图的绘制。

5.2.1.1 蜗壳的平面设计

根据具体使用要求，蜗壳的平面设计主要分为中心排出和切向排出，图 5-11 为两种蜗壳的平面布置方式。

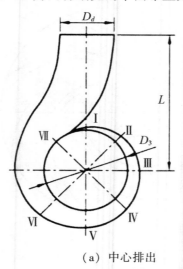

（a）中心排出　　　（b）切向排出

图 5-11 蜗壳的平面布置方式

在对蜗壳进行平面设计时，主要是对其基圆直径、蜗壳进口宽度、蜗壳隔舌安放角和隔舌螺旋角进行设计，其具体操作如下：

（1）基圆直径 D_3。基圆是指切于隔舌头部的圆，即通过螺旋线起点的圆，图 5-12 所示为蜗壳的一些几何参数。D_3 应稍大于叶轮外径 D_2，使隔舌和叶轮间有一适当的间隙，以防液流阻塞引起噪声和振动，或在隔舌处发生汽蚀。适当增加间隙可以使叶轮外周保持均匀流动，使振动的噪声减弱，提高叶轮效率，但间隙过大除增加径向尺寸外，还因间隙处存在旋转的液流环，消耗一定的能量，使泵的效率（尤其是小流量区域）下降，通常高比转速和尺寸较小的离心泵取大值，反之取小值（见表 5-3）。

表 5-3　基圆直径的参考取值

比转速 n_s	基圆直径 D_3
$42 \sim 70$	$1.05\,D_2$
$70 \sim 106$	$1.06\,D_2$
$106 \sim 77$	$1.07\,D_2$
$177 \sim 282$	$1.08\,D_2$

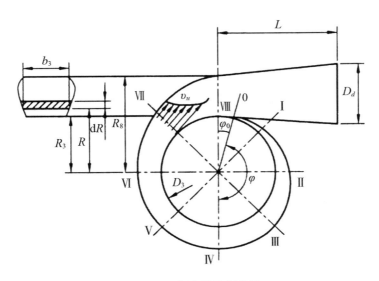

图 5-12　蜗壳的几何参数

（2）蜗壳进口宽度 b_3，b_3 通常大于包括前、后盖板的叶轮出口宽度 B_2，至少应有一定的间隙，以补偿转子的窜动和制造误差。目前，有些蜗壳的 b_3 取得相当宽（见表 5-4），这样，使叶轮前后盖板带动旋转的液体可通畅地流入压水室，回收一部分圆盘摩擦功率，提高泵的效率。另外，较宽的蜗轮可适应不同宽度的叶轮，提高产品的通用性。通常可取 $b_3 = B_2 + (5 \sim 10)\,\mathrm{mm}$ 或者 $b_3 = B_2 + 0.05D_2$。

表 5-4　蜗壳进口宽度的参考取值

比转速 n_s	蜗壳进口宽度 b_3
<70	$2.0\,b_2$
$70 \sim 212$	$1.75\,b_2$
>212	$1.6\,b_2$

（3）蜗壳隔舌安放角 φ_0。蜗舌是指位于蜗壳螺旋部分的始端，能够将螺旋线部分与扩散管隔开的元件。一般情况下，将过隔舌头部的断面称为 0 断面，隔舌和第Ⅷ断面（过螺旋线末端的断面）的夹角为隔舌安放角，用 φ_0 表示。φ_0 的大小应保证螺旋线部分与扩散管光滑连接，并尽量减小径向尺寸。高比转速的泵，轴面速度 v_m 大，液流角 α 大，蜗壳外壁向径向扩展得较大，因而取较大的 φ_0 角，以使形状协调。表 5-5 列出了 φ_0 和转速 n_s 的关系。

表 5-5　蜗壳隔舌安放角 φ_0 和比转速 n_s 的关系

n_s	$40 \sim 60$	$60 \sim 130$	$130 \sim 220$	$220 \sim 360$
φ_0	$0 \sim 15°$	$15 \sim 25°$	$25 \sim 38°$	$38 \sim 45°$

（4）隔舌螺旋角 α_0。隔舌头部（即螺旋线与基圆的交点处），螺旋线的切线与基圆切线间的夹角称为隔舌螺旋角 α_0。或近似认为，隔舌螺旋角是隔舌处内壁与圆周方向的夹角。为了符合流动规律，减小液流的撞击，一般隔舌螺旋角 α_0 应等于叶轮出口的绝对液流角 α_2，即

$$\tan\alpha_2 = \frac{v_{m2}}{v_{u2}} \tag{5-19}$$

5.2.1.2 蜗壳的断面形状设计

蜗壳断面形状有对称形和不对称形两种。对称形蜗壳断面一般用于径向流出出口的叶轮，如离心泵 [图 5-13(a)，图 5-13(b)，图 5-13(c)]；不对称形蜗壳断面则用于出口为斜向流出的叶轮，如混流泵[图 5-13(d)]。蜗壳的断面形状应符合液体流动轨迹。

蜗壳断面形状根据不同要求可以制成矩形、梯形和圆形，如图 5-13 所示。实验证明，蜗壳截面形状对性能影响不大，可根据结构和制造方法选择。

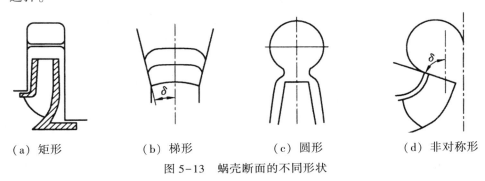

（a）矩形　　　　　（b）梯形　　　　　（c）圆形　　　　　（d）非对称形

图 5-13　蜗壳断面的不同形状

5.2.1.3 蜗壳各截面及扩散段面积计算

蜗壳通常取 8 个彼此成 45° 的断面，即用 8 个轴面切割蜗壳，这样可以方便计算和绘图。设计时先计算第Ⅷ断面，其他断面以第Ⅷ断面为基础进行确定，各种形状的第Ⅷ断面可用解析法确定，但实际设计中大都用速度系数法确定。

速度系数法是一种广义的相似计算法，它和叶轮速度系数法类似，是根据统计的性能良好的速度系数进行设计的，其公式为

$$v_3 = k_3 \sqrt{2gH} \qquad\qquad (5-20)$$

式中，v_3 表示蜗壳断面的平均速度；H 表示泵的单级扬程；k_3 为速度系数，其值可按图 5-14 查取。

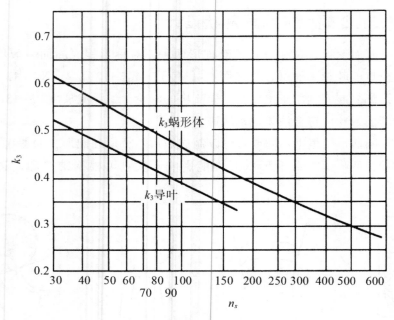

图 5-14 蜗壳的速度系数

通过第Ⅷ断面的流量 Q_8 为

$$Q_8 = \frac{\varphi_8}{360}Q = \frac{360 - \varphi_0}{360}Q \qquad (5-21)$$

一般通过第Ⅷ断面的流量和泵流量相差不大，取稍大的蜗壳面积并无坏处。因而可用泵总流量计算第Ⅷ断面的面积，即

$$S_8 = \frac{Q}{v_3} \qquad (5-22)$$

其他断面的面积不再按 $v_u r =$ 常数计算，而是按 $v_u =$ 常数来计算。即各断面面积 S_φ 与通过该断面的流量 Q_φ 成正比，由于流量 Q_φ 又与 φ 角成正比，故得出

$$S_\varphi = \frac{\varphi}{\varphi_8}S_8 \qquad (5-23)$$

根据计算出的断面面积，确定第Ⅷ断面的形状，如图 5-15 所示，参考 $\frac{h}{H} = 0.35 \sim 0.5$，$\gamma = 15° \sim 25°$ 所画的断面面积应等于计算的第Ⅷ断面

面积。

其他断面一般画在同一平面上，相当于各断面的轴面投影，即用轴面截蜗壳的断面，圆弧投影到一个轴面上。各断面的面积应等于计算的面积，圆弧半径等各种尺寸应当有规律变化。

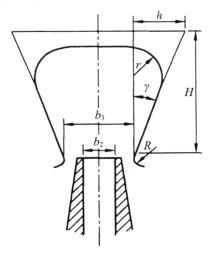

图 5-15　蜗壳第Ⅷ断面形状

5.2.1.4 蜗壳水力图的绘制

在绘制蜗壳水力图时，需要对其断面、平面投影及扩散管分别进行绘制，其具体方法如下：

（1）绘制蜗壳断面。根据上面计算出的各断面的几何尺寸，在同一位置画出各断面的水力图（各断面只画一半），如图 5-16 所示。

（2）绘制蜗壳平面投影图［图 5-17（a）］。根据所画的各断面轴面图中的高度 H_i，在平面图上相应的射线上点出，然后光滑连接所得各点，得到蜗壳平面图上的螺旋线。应当说明，各点应当用圆弧光滑连接，即后一段的圆弧的圆心应当在前一段圆弧终点半径延长线上，也可每三点用一圆弧连接，同时画出扩散管外形。如果蜗壳为中心出口，第Ⅷ断面应转过 45°或任意一角度，并从第Ⅷ断面和隔舌向出口用圆弧光滑连接。

（3）蜗壳扩散管的计算和绘型［图 5-17（b）］。扩散管的作用在于降低速度，转化为压力能，同时减小排出管路中的损失。扩散管的进口可认为是蜗壳的第Ⅷ断面，出口是泵的排出口，扩散管的主要结构参数如下：

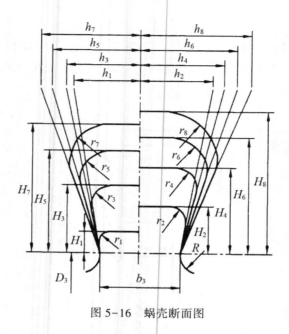

图 5-16 蜗壳断面图

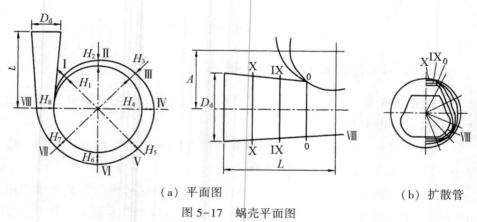

（a）平面图   （b）扩散管

图 5-17 蜗壳平面图

1）排出口径 D_d，应符合经济流速和标准直径。

2）扩散管长度 L，在保证扩散角和加工要求及螺栓连接的条件下应尽量取小值，以减小泵的尺寸。

3）扩散角 θ，常用范围为 $\theta = 8° \sim 12°$。因扩散管的进口 S_8 不是圆形，为此将 S_8 变为当量的圆形面积，计算当量角

$$\tan\frac{2}{\theta} = \frac{D_{出} - D_{进}}{2L} = \frac{D_{出} - \sqrt{\dfrac{4S_8}{\pi}}}{2L} \tag{5-24}$$

式中，$D_{进}$ 表示扩散管进口当量直径。

扩散管出口是圆形断面，进口 S_8 是不规则形状的断面，从进口过渡到出口，其间的断面应逐渐变化，以保证整个壁面光滑，为此可按下述方法制图和检查：将进口断面 S_8 画在出口圆形断面内，并作若干条射线，将扩散管沿长度等分为几等份，然后将进出口断面间的射线段对应等分，光滑连接所得各点，则得中间断面的形状，这样能保证整个壁面是光滑的。

5.2.2 分段式导叶设计

分段式多级泵中，从叶轮出来的液体靠导叶收集并输送到下一级叶轮的进口，因此对导叶的要求是：在其收集和输送液体的过程中损失最小，并使液体均匀地进入下一级叶轮。目前在分段式多级泵中，多采用径向式导叶和流道式导叶。下面以径向式导叶为例，讨论分段式导叶的设计。

正导叶、弯道和反导叶这三部分组成了径向式导叶。正导叶包括螺旋线部分（图 5-18AB 段）和扩散段部分（图 5-18BC 段）。螺旋线部分的设

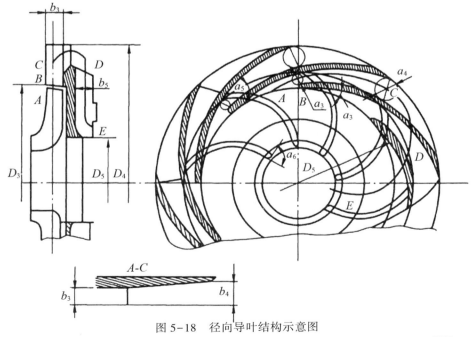

图 5-18　径向导叶结构示意图

计原理同蜗形体，是用来收集液体的。扩散部分通过将液体的一部分速度
转变为压力能，使液体至下一级叶轮进口过程中的水力损失减少，从而降
低液流速度。弯道（图5-18CD段）的通过改变液流的方向，使之产生轴
向运动和向心运动。反导叶部分（图5-18DE段）在于使从弯道出来的液
体均匀地流入下一级叶轮进口，控制下一级叶轮进口的液流预旋（既可用
来消除预旋，也可用于保证一定的预旋）。正导叶扩散段绘制如图5-19所
示。导叶的水力损失在多级泵中占的比例较大，合理设计导叶十分重要。

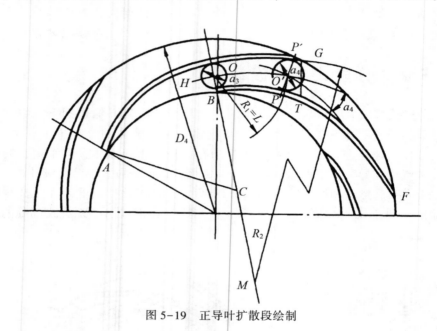

图5-19　正导叶扩散段绘制

5.2.3 空间导叶设计

空间导叶又称为扭曲导叶，一般用于尺寸受限制的井泵中，其具有径
向小的特点。各种井泵因使用条件不同，可以设计成径流式的（图5-20和
图5-23）或混流式的（图5-21和图5-22）。

5.2.3.1 空间导叶叶片的进口边形式

空间导叶叶片进口边和叶轮叶片出口边的配合是一个比较关键的问题，
对泵的效率影响较大。导叶进口边有以下三种形式：

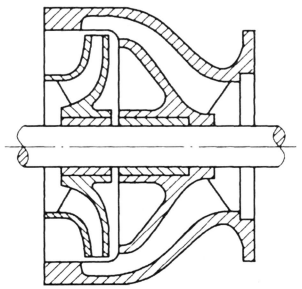

图 5-20　进口边与轴心线平行的径流式导叶

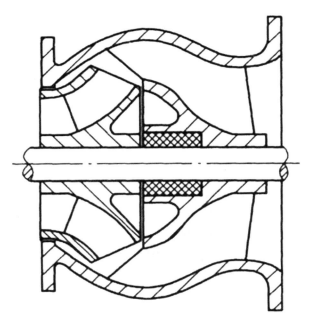

图 5-21　进口边与叶轮叶片出口边平行的混流式导叶

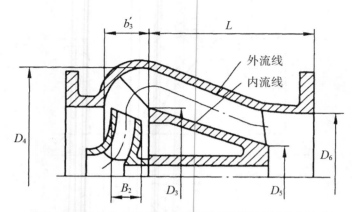

图 5-22　进口边与叶轮叶片出口边不平行的混流式导叶

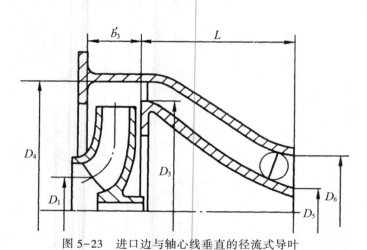

图 5-23　进口边与轴心线垂直的径流式导叶

（1）进口边与轴心线平行（图 5-20），主要用于径流式叶轮，导叶进口边与叶轮出口边平行，中间间隙不大。这种导叶叶片扭曲度大，铸造与除砂困难，在设计上如果无足够经验则很难实现叶轮与导叶的良好配合，以致造成产品效率低、高效率区域窄的后果。

（2）进口边相对于轴心线倾斜（图 5-21 和图 5-22），主要用于混流式叶轮，导叶叶片进口边与叶轮出口边的相对位置有平行的（图 5-21）和不平行的（图 5-22）两种，以采用不平行的且导叶叶片进口边和叶轮出口边之间有一定距离的形式为好，外流线上的距离长度要比内流线上的取得大一些（图 5-22）。

（3）进口边与轴心线垂直（图 5-23）。自叶轮出来的液流先经过一个环形空间，在环形空间中液流的速度按 $v_{ur} = \text{const}$ 的规律分布。这种形式的导叶用于径流式叶轮的效果比图 5-20 的形式要好。

5.2.3.2 主要尺寸的确定

空间导叶的主要尺寸不像叶轮的主要尺寸那样基本上取决于水力性能，而是较多地考虑结构上的要求。径流式和混流式导叶主要尺寸的确定方法基本是一致的（图 5-22 和图 5-23），其具体操作如下：

（1）进口宽度 b_3'。b_3' 的大小主要取决于结构要求。长轴深井泵在运转时，转子上有轴向推力，使轴伸长。这一伸长长度与传动轴的长度成正比，需要在运转前调节。采用半开式叶轮的长轴深井泵，往往靠调整转子的轴向位置来调节流量和排除泥沙异物的堵塞。长轴深井泵的这些轴向位移有时可达十余毫米，因此 b_3' 应取大些，通常

$$b_3' = B_2 + (4 \sim 14) \tag{5-25}$$

式中，B_2 表示包括前、后盖板（半开式叶轮只计后盖板）厚度在内的叶轮出口宽度，对混流式叶轮指轴向宽度（mm）。

对于转子轴向位置基本固定的泵来说，可取

$$b_3' = B_2 + (3 \sim 5) \tag{5-26}$$

（2）导叶内盖板的最大直径 D_3。D_3 主要取决于叶轮后盖板的外径，而且与导叶的最大外径 D_4 有关。为了减小导叶的最大外径，D_3 应尽可能取小些，但仍应大于叶轮后盖板的外径，因此一般均限制最小的 D_3 值为

$$D_3 = D_2' + (2 \sim 5) \tag{5-27}$$

（3）导叶的最大外径 D_4。D_4 是井泵过流部分的最大径向尺寸，确定这一尺寸时应考虑：一方面要限制泵体的最大径向尺寸，一方面要有利于泵的水力性能。D_4 处的轴面液流过流截面面积与叶轮出口面积之间有一定比例关系，此关系为

$$\frac{\pi}{4}(D_4^2 - D_3^2) = (0.75 \sim 1.05)\pi \overline{D_2}b_2 \tag{5-28}$$

由此得

$$D_4 = \sqrt{4 \times (0.75 \sim 1.05)\overline{D_2}b_2 + D_3^2} \tag{5-29}$$

式中，$\overline{D_2}$ 表示叶轮出口平均直径，单位为 mm；b_2 表示叶轮出口 $\overline{D_2}$ 处的过流截面形成线长度，单位为 mm。

（4）导叶出口内径 D_5 和出口外径 D_6。对于多级泵，导叶的出口内径 D_5 和出口外径 D_6 应按下一级叶轮进口尺寸决定，对于单级泵或末级导叶则应按结构（如轴径、轴套和轮毂的径向尺寸等）确定 D_5，而按出口管径确定 D_6。

（5）导叶的轴向长度 L。空间导叶的轴向尺寸较大，它是影响泵轴向长度的主要尺寸，因此原则上 L 应尽量小些。但如果 L 取得太小，又会使导叶的流道弯曲厉害，降低泵的效率，对多级泵通常取 $L = (0.6 \sim 0.8)D_2$。对单级泵，L 可取较大的值。应指出，在进行叶片绘型时，往往可以看出所取的 L 值是否适当，并做相应的调整。

（6）导叶叶片数 z_d。导叶叶片数一般取 $z_d = z \pm 1$。其中，z 指叶轮的叶片数。

（7）导叶进口 α_3'。α_3' 按式取得 $\tan\alpha_3' = \dfrac{v_{m3}}{v_{u3}}$，其中，$v_{m3}$ 表示导叶进口处轴面速度，单位为 m/s；v_{u3} 表示导叶进口处圆周分速度，单位同 v_{m3}。其中 $v_{m3} = \dfrac{q_V}{2\pi r_3' b_3 \varphi_3}$，式中 q_V 表示泵的流量，单位为 m³/s；r_3' 表示通过导叶进口边与某流线交点的过流截面形成线的重心到轴心线的距离，单位为 m；b_3 表示通过导叶进口边与某流线交点的过流截面形成线的长度，单位为 m；φ_3 表示导叶叶片进口排挤系数，计算公式为 $\varphi_3 = 1 - \dfrac{z_d t_{u3}}{2\pi r_3}$，又 $S_{u3} = \dfrac{t_3'}{\sin\alpha_3}$。其中，$t_3'$ 表示导叶进口处叶片在流面上的厚度，单位为 m；t_{u3} 表示导叶进口处圆周方向的厚度，单位为 m。又有 $v_{u3} = \dfrac{r_2}{r_3}v_{u2}$。其中，$v_{u2}$ 表示叶轮出口处圆周分速度（m/s），由叶轮设计求得；r_2 表示叶轮出口半径（m），$r_2 = \dfrac{D_2}{2}$；r_3 表示导叶叶片进口边与某流线交点到轴心线的距离（m）。

根据空间导叶叶片绘型和铸造工艺的经验，内外流线的 α_3' 不宜相差过大，否则叶片过分扭曲，造型困难。因此，除尺寸比较大的高比转速叶轮外，一般在绘型时常取内外流线的 α_3' 相同。

此外，按式 $\tan\alpha_3' = \dfrac{v_{m3}}{v_{u3}}$ 计算得出的 α_3' 通常都偏小，因此常加上一定的冲角，使之符合表 5-6 上推荐的数据范围。

表 5-6　空间导叶进口角 α'_3

n_s	90	130	170	270	>300
α'_3	11～15°	14～20°	18～25°	25～33°	30～45°

（8）导叶出口角 α'_4。一般取 $\alpha'_4 = 75° \sim 90°$，对各流线通常取相同的 α'_4，若取不同 α'_4，则各流线的 α'_4 也不宜相差太大，以免叶片过于扭曲。

（9）导叶的 φ。φ 一般为 $70° \sim 120°$，常取 $\varphi = 90°$ 左右。

5.2.4 环形压水室设计

环形压水室是杂质泵经常采用的一种压水室。由于杂质泵所输送的液体中往往含有泥浆、砂石一类的固体颗粒，如果采用蜗形体，由于叶轮与隔舌之间的间隙太小，随着液体流出叶轮的固体颗粒易被隔舌挡住，甚至卡住叶轮，这样有时会将叶轮打坏，并有可能造成更严重的事故。为了使泵工作安全可靠，对于输送含有固体颗粒液体的杂质泵有必要增大隔舌和叶轮之间的间隙。对于比转速 n_s 为 $100 \sim 120$ 的杂质泵，压水室的截面本来就较小，故为简便计算起见，使各截面的面积及形状相同，这就是所谓的环形压水室（图 5-24 和图 5-25）。

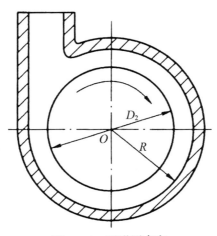

图 5-24　环形压水室

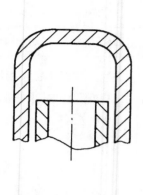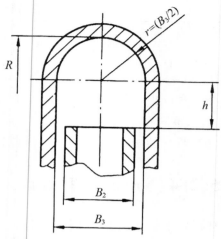

图 5-25　环形压水室断面

　　另外，从分段式多级泵的末级导叶出来的液体由压出段收集并排出，压出段的各截面形状也是相同的，实际上也是一个环形压水室，只是在分段式多级泵中所采用的环形压水室主要是为了满足结构要求。例如，分段式多级泵的吸入段、中段和压出段靠穿杠连接，由于中段是圆形的，穿杠应沿圆周布置，并应尽可能地靠近中段，因此要求压出段也是圆的，且其各径向尺寸应与末级导叶的出口和中段的径向尺寸相适应。环形压水室截面的面积应大于导叶各流道出口面积之和，但也不要太大。确定了截面的径向尺寸和截面面积就可确定截面的轴向尺寸，但实际上往往按结构情况来确定轴向长度，因此环形压水室在绘制多级泵的总装图时很容易确定。

　　用于杂质泵的环形压水室的截面通常是半圆形或矩形（图 5-25），设计计算时可按下述步骤进行：

　　（1）确定环形压水室的进口宽度 B_3（单位为 mm）

$$B_3 = B_2 + (5 \sim 10) \tag{5-30}$$

　　式中，B_2 表示包括叶轮前、后盖板厚度在内的叶轮出口宽度，单位为 mm。

　　（2）确定环形压水室的外半径 R。应先确定Ⅷ截面面积 $A_{\text{Ⅷ}}$。对于矩形截面，则有

$$A_{\text{Ⅷ}} = \left(R - \frac{D_2}{2} \right) B_3 \tag{5-31}$$

可得

$$R = \frac{A_{\text{Ⅷ}}}{B_3} + \frac{D_2}{2} \tag{5-32}$$

式中，R 表示环形压水室的外半径，单位为 mm。

对于圆形截面，则有

$$A_{\text{VIII}} = \left(R - \frac{B_3}{2} - \frac{D_2}{2} \right)B_2 + \frac{\pi}{2}\left(\frac{B_3}{2} \right) \tag{5-33}$$

可得

$$R = \frac{A_{\text{VIII}}}{B_2} + \frac{D_2}{2} + \frac{B_3}{2}\left(1 - \frac{\pi}{4} \right) \tag{5-34}$$

为了使隔舌处固体颗粒能顺利通过，最好使 R 满足

$$R - \frac{D_2}{2} \geqslant 3d_{\text{max}} \tag{5-35}$$

式中，d_{max} 表示最大固体颗粒的最大尺寸，单位为 mm。

5.3 离心泵吸水室水力设计

位于叶轮之前的吸水室可以将液体按要求引入叶轮。吸水室的速度较小，因此与压力室相比，其水力损失要小，但吸水室中的流动状态直接影响着叶轮中的流动情况，此外还影响着离心泵的效率，尤其对泵的汽蚀性能影响较大。对于低扬程泵，损失的绝对值不大，但占扬程的比例较大，因而对效率的影响比高扬程泵大得多。吸水室应保证叶轮进口有要求的速度场，如速度分布均匀，大小适当，方向（环量）符合要求，水力损失最小。吸水室可分为直锥形、环形、半螺旋形等结构形式，如图 5-26 所示。

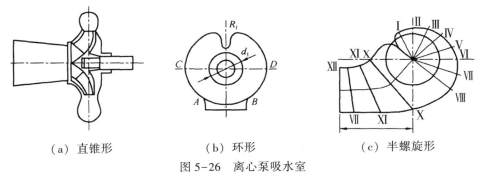

| （a）直锥形 | （b）环形 | （c）半螺旋形 |

图 5-26 离心泵吸水室

直锥形吸水室结构简单，性能优良。液体在直锥形收缩管中流动，流速渐增，分布均匀，水力损失小，保证叶轮进口有均匀的速度场。

直锥形吸水室的结构限制性较大，因此单级悬臂式泵多采用这种结构。环形吸水室的形状和断面积均相同，其结构简单、对称，杂质泵和多级泵

多采用这种吸水室。液体以突然扩大的形式进入环形空间，之后又以突然收缩的形式转为轴向进入叶轮，液体在此过程中的损失很大，且流动不均匀。因此，环形吸水室不能保证叶轮进口具有轴对称均匀的速度场。

对于半螺旋形吸水室，鉴于液体流过吸水室断面的同时，有一部分进入叶轮，所以断面从大到小逐渐变化，外壁是螺旋形的。半螺旋形吸水室和环形吸水室相比，有利于改善流动条件，能保证在叶轮进口得到均匀的速度场，一般应用于双吸泵中。

第6章 离心泵非稳定状态分析

一般情况下，离心泵可以在稳定转速下长时间运行，所对应的输送工况也相对稳定。离心泵的各性能参数会因开机、停机、快速调阀、转速波动等非稳定工况而在短时间内发生剧烈的变化，泵内部的流体会由稳定状态变成非稳定的瞬态流动状态，回流、二次流、分离和漩涡等非稳定的流动结构的产生会使流动的不稳定性加速，从而产生巨大的压力脉动和冲击，破坏离心泵、管道及其连接设备。此外，非稳定工况下的轴功率过载现象还会冲击局部电路、电源，损毁电路及其负载设备。因此，保证离心泵在非稳定工况下的工作具有十分重要的意义。本章主要论述离心泵内部流场一些典型的不稳定现象。

6.1 离心泵的动静干涉与回流

叶轮机械内部的转子与定子之间存在着不可避免的动静干涉效应，且这种干涉效应不因工况的改变而消失。当离心泵在小流量工况时，叶轮进口和出口还会出现回流现象。

6.1.1 动静干涉

叶片与蜗壳隔舌或导叶叶片会因叶轮的旋转而发生干涉，叶轮出口和导叶进口的边界条件会因流道宽度周期性的变化而发生变化，最终会使叶轮与蜗壳或导叶之间的流动存在相互干涉作用。一方面，静止部件内的流动受到叶轮出口尾流的影响，叶轮出口的旋转压力场、速度场会与下游的静止部件发生干涉，引起流场周期性的压力脉动；另一方面，叶轮出口的流动边界条件还会受到静止部件存在的影响，使叶轮的内部流动受到干扰，从而诱发漩涡。

如图6-1（a）所示，假设叶轮共有 R 枚叶片，叶轮下游的扩散导叶共有 S 枚静叶片，则由动静叶片间相互干涉作用形成的压力分布为

$$p_{m,\,n}^{q+1}(\theta,\ t) = a_{m,\,n}\cos\left[m(\theta - \frac{2\pi}{S}q) - nR\omega(t - \frac{2\pi}{S\omega}q)\right] \qquad (6-1)$$

式中，ω 表示动叶片角速度；m 表示圆周方向离散量；n 表示时间离散量。

为了得到 S 枚静叶片产生的压力，采用下式进行叠加计算

$$p_{m,n}(\theta,t) = a_{m,n}^{q}(\theta,t) \times \sum_{q=1}^{S} \cos\left[m\theta - nR\omega t - (m-nR)\frac{2\pi}{S}q\right]$$

$$(6-2)$$

对于任意整数 k，可将上式改写为

$$p_{m,n}(\theta,t) = \begin{cases} S\,p_{m,n}\cos(m\theta - nR\omega t), & m = nR + kS \\ 0, & m \neq nR + kS \end{cases}$$

$$(6-3)$$

当满足 $m = nR + kS$ 时，才存在静叶片叠加形成的周期性回转压力场。从静止参考系看，由式（6-2）得到的回转压力场的频率为

$$\omega_s = nR\omega(nR = m - kS, m = 0, \pm 1, \pm 2,\cdots; k = 0, \pm 1, \pm 2,\cdots)$$

$$(6-4)$$

以上就是回转压力场作用在泵体（静止部件）上的流体力的频率。当 $m > 0$ 时，回转压力场与叶轮转向相同；反之，二者的转向相反。叶轮盖板和泵体的不同方向上（如圆周方向和径向）都有固有频率的存在，当这些流体力的作用频率等于泵体或者叶轮的固有频率时，泵相应部件就会发生共振，产生噪声。

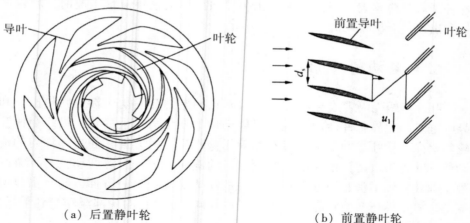

（a）后置静叶轮 　　　　　　（b）前置静叶轮

图 6-1　动静叶片间的干涉作用

此外，离心泵装有前置导叶时，也会使动静叶片间的相互作用影响双方流场，如图 6-1（b）所示。前置静叶片的主要功能是导流，其对叶轮进口流动的影响主要包括两种情况：一种是使叶轮进口来流存在周向速度，引起流场的升力变化，称之为势流作用，该作用与静叶片的升力系数成正

比，并与静叶片间的距离相关；另一种是黏性流干涉，由于静叶片压力面存在黏性边界层，其引起的升力变化与静叶片的阻力系数成正比。

6.1.2 回流

在小流量工况条件运行下，离心泵的叶轮进口和出口会有回流现象的发生，即流体从叶轮内倒流回进水管，当能量消耗到一定程度后，又从靠近叶轮轮毂处重新回到叶轮内。叶轮中倒流出来的流体在叶片旋转的作用下会产生轴向速度。如图 6-2 所示，回流流体在进水管中和来流混合，通过动量交换将旋转的能量传递给来流，从而在进水管中造成来流的预旋。叶轮进口处的压力分布会因此发生极大的变化，此处所测压力值要大于正常值，使小流量下的测量扬程降低，性能曲线容易产生驼峰。回流的产生会使小涡列及相应的压力场和速度场发生变化，从而影响离心泵的效率、稳定性和噪声以及离心泵的空化。出口固流表现为小流量下流出叶轮的流体从扩散管中流回叶轮。在叶轮内，流体被加速到更高的速度。实验证明，出口回流会使得小流量下的功耗及轴功率上升。

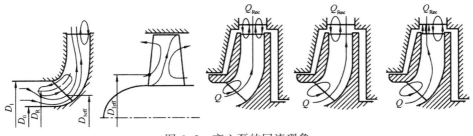

图 6-2　离心泵的回流现象

6.2　离心泵的黏性尾流

离心叶轮出口位置的流动结构主要包括近似无黏性的射流区和相对速度较小的尾迹区，图 6-3 所示为"射流—尾迹"结构形式。射流和尾迹中的尾流属于自由剪切层中的流动，壁面不会对流体质点在这种剪切层间的动量交换产生限制。因此，这种流动非常不稳定，会对叶轮机械的效率和噪声特性产生一定的影响。叶轮内的复杂流动现象会导致尾迹区的形成，这种尾迹区的形成是叶轮内边界层和二次流发展综合作用的结果。一方面，叶轮内流体在叶片驱动下高速旋转产生离心运动，由于曲率不同，液流受到叶片的做功作用不均匀，呈现靠近压力面强、靠近吸力面弱的情况，造成吸力边附面层不断增厚,主流逐渐被推向压力面。逆向的压力梯度会使叶轮出口区域吸力面的边界层发生分离,形成脱流,这也是叶轮出口吸力面产生尾迹区的主要原因之一。另一方面,由于叶轮轮毂处叶片前缘的厚度大,流体首先集中在叶轮流道上半部的压力面附近,当流体由轴向转向径向时,流道下半部产生与叶轮旋转方向相反的涡流,并增加指向轮毂方向的分量,形成二次流。二次流流动结构可以使叶轮流道下游的流体向吸力面中部堆积,使力面边界层厚度增加,促使轮流道内吸力侧的流体向压力侧迁移,这是形成射流—尾迹流动结构的另一重要原因。剪切层具有速度梯度,这就使得射流区和尾迹区无法相互混合。尾迹区宽度的增大会增加剪切层的速度梯度,增加流动损失,降低离心泵的性能。

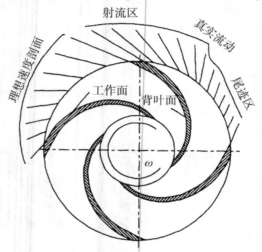

图 6-3　离心泵叶轮出口射流—尾迹流动结构

6.3　离心泵空化理论

离心泵行业的一个关键核心问题即离心泵空化问题,离心泵的运行效率以及振动噪声的产生等都受到空化的影响,当空化严重时还会破坏离心泵的过流部件,影响离心泵运行的稳定性和可靠性。因此,对离心泵空化特性进行深入研究显得尤为重要。

6.3.1 泵内空化 (汽蚀) 的发生过程

液体发生汽化时的压力称为汽化压力 (饱和蒸汽压力)。温度影响着液体汽化压力的大小，温度越高，其汽化压力值越大，如 20℃ 水的汽化压力为 0.0238 atm（1atm＝101325 Pa），100℃ 水的汽化压力为 1atm，所以对于常温（20℃）水，当压力降至 0.0238 atm 时就开始汽化。可见，液体汽化的促成外因主要是由于压力的降低。

运转中的泵，其过流部件的局部区域（通常是叶轮叶片进口稍后的某处）因某种原因使得输送液体的绝对压力比当时温度的汽化压力低时，液体就会汽化成空泡，同时溶解于液体中的气体也会以空泡形式析出，这些空泡形成和发展的状态称为空化（也称为汽化）。增大压力对流动液体会抑制空泡的增长，使其爆炸甚至消失。空泡破裂过程发生在纳秒级的极短时间内，同时伴随大量激波的产生。空泡破裂发生在固体壁面时，会对固体边界形成高速微射流。当压力冲击产生的强度大于材料机械强度的极限时，就会在固体边界上形成几微米大小的坑，如果这种小坑不断堆积，累积成海绵状塑性变形并发生脱落，则称为汽蚀（也称为空蚀）。由上可知，汽蚀的发生是在汽化空泡溃灭的位置而不是汽化发生的位置。

汽蚀一般发生在水力机械内部，如水轮机、水泵等。一方面，为了减小泵尺寸进而降低材料和加工成本，泵逐渐向小型化发展，这就要求泵的设计转速越来越高，从而导致泵的吸入性能变差。另一方面，随着经济的快速增长，泵市场多样的需求及泵用户选型的不合理会使泵在非设计工况下运行，而速度过高和在非设计工况下运行正是泵容易发生汽化的两个主要因素。

6.3.2 泵汽蚀现象的危害

离心泵发生汽蚀现象会对离心泵产生严重影响，其危害具体表现在以下几个方面：

（1）产生噪声和振动。离心泵在发生汽化时，高压区的空泡会破裂并伴随强烈水击，因而会有噪声和振动产生，在实际生产中，可以根据爆豆似的"噼噼啪啪"的响声来粗略地判断是否发生了汽化，这种情况下注入少量空气可以缓冲噪声、振动及对金属的破坏，这种方法在水轮机中已被广为采用，但在泵中很少使用。

（2）过流部件汽蚀。泵长时间在汽化条件下工作时，泵过流部件的某些地方会遭到汽化破坏，也就是汽蚀。金属表面发生汽化时，因其受到强烈冲击而使金属出现麻点直至金属表面发生穿孔。有时金属颗粒松动并剥落而呈现蜂窝状。汽蚀现象中会有机械力以及电解、化学腐蚀等多种复杂力的作用。大量研究充分说明，受汽蚀的部位跟空泡破裂是同一个地方。所以，常在叶轮进口稍后处和压水室进口部位发现汽蚀痕迹，不过汽化产生于叶轮进口处，欲根治汽化，必须防止在叶轮进口处产生空泡。

（3）性能下降。离心泵发生汽化现象时会干扰和破坏叶轮和液体的能量交换，外特性上表现为扬程—流量曲线、轴功率—流量曲线、效率—流量曲线呈下降趋势，严重时会中断泵中的液流，甚至使泵无法正常工作。但在泵发生汽化初期，性能曲线并无明显变化，当性能曲线发生变化时，汽化已发展到了一定的程度。

汽化的影响程度会因离心泵的比转速不同而不同。比转速较低的泵其叶轮流道窄而长，发生汽化时空泡会充满整个流道，从而使性能曲线呈急剧下降形式。比转速增加时，叶轮流道开始变宽变短，空泡的产生到充满整个流道并不能在短期发生，需要一个过渡过程，相应地，泵性能曲线的下降也需要一个过程，且轴流泵性能曲线在整个流量范围内只是缓慢下降。另外，多级泵发生汽化只限于第 1 级，因而性能下降较单级泵要小。

6.3.3 汽蚀余量

6.3.3.1 泵产生汽蚀的界限 - 泵汽蚀余量 = 可用汽蚀余量

某台泵的运转中会发生汽蚀，而另一台泵在完全相同的条件下可能就不会有汽蚀现象发生。由此可知，泵在运转过程中是否发生汽蚀与泵本身的抗汽蚀性能有一定关系；此外，同一台泵在某条件（如吸上几何吸入高度过高）下使用时发生汽蚀，若使用条件发生变化（如减小吸上几何吸入高度）则泵可能不会产生汽蚀现象，这说明离心泵的使用条件影响着泵在运转过程中是否会发生汽蚀。下面从泵本身和吸入装置两方面来讨论离心泵的汽蚀特性：

（1）泵本身的汽蚀特性。泵是增加液体能量的机械，但是这种能量增加是通过叶轮叶片传递的，所以液体在未进入叶片之前，能量是不会增加的。通常，在靠叶轮前盖板、叶片进口稍后背面处出现最低压力点 K，如图 6-4 所示。这是因为叶片进口边上靠前盖板的半径大，圆周速度大，由速度三角形可知，此处的相对速度亦大，因而绕流叶片进口部分引起的压力降（与相对速度平方成正比）大。此外，K 点前处于流道拐弯的内壁由于离心力效应，此处液体绝对速度大，这也将引起附加的压力降。K 点以后，液体绕流叶片头部的脱流逐渐消失，由于叶片对液体的作用，由 K 点至叶轮出口压力逐渐增高。

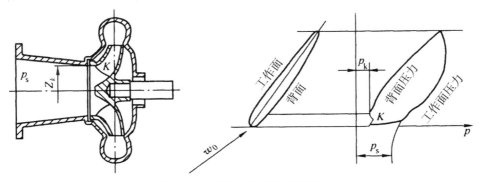

图 6-4　泵进口处的流动情况

如果忽略高差 Z_k（图 6-4）及叶片进口前和 K 点圆周速度不同引起的压力变化（这些因素对大型泵应予以考虑），液体从泵进口（吸入口）流到 K 点的压力降主要由图 6-5 所示的三部分组成。

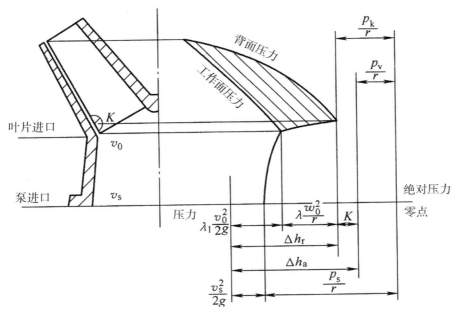

图 6-5　可用汽蚀余量 NPSHA 和必需汽蚀余量 NPSHR 关系图
（对应无汽蚀状态，K 表示汽蚀安全余量）

第一部分是叶片进口前绝对速度分布不均引起的压力降，用 $\dfrac{\mu v_0^2}{2g}$ 表示；第二部分是绕流叶片进口部分引起的压力降，用 $\dfrac{\lambda w_0^2}{2g}$ 表示；第三部分是泵进口速度 v_s 和叶片进口前速度 v_0 不同引起的压力降，如 $v_0 > v_s$，其所差部分转化为压力下降，结果也使 K 点的压力降低，其值用 $\dfrac{v_0^2 - v_s^2}{2g}$ 表示。为使泵不产生汽蚀，则必须满足：泵进口压力 — 泵进口至 K 点的压力降 = K 点压力 > 汽化压力。

当 K 点压力等于汽化压力时，泵开始产生汽蚀，则上式可以写为

$$\frac{p_s}{\rho} - \mu \frac{v_0^2}{2g} - \lambda \frac{w_0^2}{2g} - \frac{v_0^2 - v_s^2}{2g} = \frac{p_v}{\rho} \tag{6-5}$$

$$\frac{p_s}{\rho} + \frac{v_s^2}{2g} - \frac{p_v}{\rho} = (1 + \mu) \frac{v_0^2}{2g} + \lambda \frac{w_0^2}{2g} \tag{6-6}$$

$$\frac{p_s}{\rho} + \frac{v_s^2}{2g} - \frac{p_v}{\rho} = \lambda_1 \frac{v_0^2}{2g} + \lambda \frac{w_0^2}{2g} \tag{6-7}$$

6.3.3.2 可用汽蚀余量

式（6-7）左边部分称为可用汽蚀余量 NPSHA（可用汽蚀余量也叫装置汽蚀余量）。在泵进口处，当泵的吸入装置提供的单位重量液体超过汽化压力的富余能量（也就是泵进口处液流全水头去掉汽化压力水头所净剩的水头）时，这部分值换算到基准面上的米液柱高度即为可用汽蚀余量，用公式表示为

$$\text{NPSHA} = \frac{p_s}{\rho} + \frac{v_s^2}{2g} - \frac{p_v}{\rho} \tag{6-8}$$

式中，$\dfrac{p_s}{\rho}$ 表示换算到基准面上（即考虑了位量水头）泵进口的绝对压力水头，单位为 m；$\dfrac{v_s^2}{2g}$ 表示泵进口的平均速度水头，单位为 m；$\dfrac{p_v}{\rho}$ 表示所输送液体当时温度下的汽化压力水头，单位为 m。

6.3.3.3 泵汽蚀余量及其计算

式（6-7）右边部分称为泵必需汽蚀余量 NPSHR（泵汽蚀余量也叫必

需汽蚀余量）。泵汽蚀余量表示泵进口到最低压力点间液体流动过程中的压力降，也就是为使泵不发生汽蚀，在泵进口处单位质量液体所必须具有的超过汽化压力的富余能量，表达式为

$$\text{NPSHR} = \lambda_1 \frac{v_0^2}{2g} + \lambda \frac{w_0^2}{2g} \qquad (6\text{-}9)$$

式中，v_0 表示叶片进口稍前液体的绝对平均速度，单位为 m/s；w_0 表示叶片进口稍前液体的相对平均速度，单位为 m/s；g 表示重力加速度，单位为 m/s²；λ_1 表示绝对速度压降系数，通常 $\lambda_1 = 1.0 \sim 1.2$；λ 表示相对速度压降系数，也叫叶片汽蚀系数。

λ 可用下式表示为

$$\lambda = \frac{w_k^2}{w_0^2} - 1 \qquad (6\text{-}10)$$

式中，w_k 表示最低压力 K 点处的相对速度，单位为 m/s。

式（6-7）是泵必需汽蚀余量和可用汽蚀余量的关系式，也是鉴别泵是否汽蚀的判别式，即当 NPSHA = NPSHR 时，对应 $p_k = p_v$，泵开始汽蚀；当 NPSHA > NPSHR 时，对应 $p_k < p_v$，泵严重汽蚀；当 NPSHA < NPSHR 时，对应 $p_k > p_v$，泵无汽蚀。

泵必需汽蚀余量 NPSHR 和可用汽蚀余量 NPSHA 是两个性质不同的参数。离心泵本身的特性决定了泵汽蚀余量用来表示离心泵本身的抗汽蚀性能。泵本身汽蚀性能的改善可通过降低泵汽蚀余量来实现。汽蚀余量是由外界的吸入装置特性决定的，是表示吸入装置汽蚀性能的参数。汽蚀余量的提高可改善装置的抗汽蚀性能。

由式（6-10）知，λ 值与叶片进口部分的速度比值有关，即与叶片进口部分的几何参数（叶片数、冲角、叶片厚度及其分布等）有关。对进口几何相似的叶轮，在相似工况下，因速度比值相等，故 λ 值为一常数。λ 值越小，抗汽蚀性能越好。但即使泵的比转速相同，也难以做到叶片进口部分完全几何相似，所以 λ 值目前尚无精确的确定方法，通常 $\lambda = 0.2 \sim 0.4$。

对 $n_s < 120$ 的叶轮，λ 值可用下面经验公式估算

$$\lambda = 1.2 \frac{v_0}{u_0} + (0.07 + 0.42 \frac{v_0}{u_0})(\frac{s}{s_0} - 0.615) \qquad (6\text{-}11)$$

式中，v_0 表示前盖板处叶片进口稍前（不考虑叶片排挤）液流的绝对速度，单位为 m/s；u_0 表示前盖板处叶片进口稍前的圆周速度，单位为 m/s；s 表示叶片进口厚度，单位为 mm；s_0 表示叶片最大厚度，单位为 mm。

6.3.3.4 提高抗汽蚀性能的措施

离心泵本身的汽蚀性能和吸入装置决定了泵在运转过程中是否发生汽蚀，其中装置是外界条件，泵是矛盾的主要方面。因此，提高离心泵本身的抗汽蚀性能才能从根本上解决泵的汽蚀问题。然而，合理地选用吸入装置对于预防泵的汽蚀有一定帮助。由式（6-9）可知，泵抗汽蚀性能的提高可通过降低 v_0、λ、w_0 来实现。

1. 选择合适的几何参数

离心泵抗汽蚀性能参数主要有：

（1）增大叶轮进口有效面积。叶轮进口有效直径 D_0 可用 $D_0 = K_0 \sqrt[3]{\dfrac{q_V}{n}}$ 进行计算。合理地选取大的 K_0（取 $K_0 = 4.5 \sim 5.5$），可增大叶轮进口有效面积，减小 v_0，提高泵的抗汽蚀性能。

（2）适当地增大叶片进口宽度 b_1。如图 6-6 所示，增大 b_1 能使叶片进口处的过流面积增大，轴面速度降低，从而使进口处的绝对速度和相对速度减小。如图 6-7 所示，增大 b_1 对 $n_s < 100$ 的泵效果较显著，在实际应用中，增大 b_1 的同时增大 D_0，这样效果比单独增大 b_1 或 D_0 好。经验表明，叶片进口处过流面积与叶轮进口截面积之比在 $1.1 < \dfrac{\pi D_1 b_1}{\pi D_0 / 4} < 2.5$ 范围内，对泵的效率影响较小，是合理的。

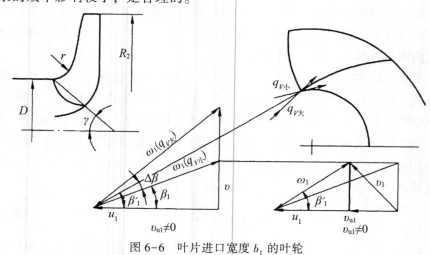

图 6-6　叶片进口宽度 b_1 的叶轮

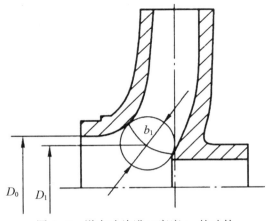

图 6-7　增大叶片进口宽度 b_1 的叶轮

（3）叶轮盖板进口部分曲率半径。叶轮进口部分的液流在流道转弯离心力的影响下，靠近前盖板的液体压力小、速度大，使得叶轮进口的速度分布不均匀。盖板曲率半径的增大有利于减小前盖板处的 v_1，并使速度均匀分布，使泵进口部分的压力降减小，从而使（NPSH）$_r$ 减小，提高泵的抗汽蚀性能。

（4）叶片进口边的位置和叶片进口部分形状。叶片进口边向吸入口延伸，可使液体提早接受叶片的作用，且能增加叶片表面积，使工作面和背面的压差减小。另外，叶片前伸可减小叶片进口边所在半径，从而使 u_1 和 w_1 减小。

发生倾斜的叶片进口边上的各点半径、周围速度均不相同，其 w_1 也就各不相同。当然，前盖板处的半径最大，w_1 也最大，这样可将汽化限制在前盖板附近的局部，从而推迟汽蚀对性能的影响。

叶片进口边前伸并倾斜，进口边上各点的 u_1、w_1 不同，为保证轴面速度相同，各点的相对液流角不同。在设计叶片进口部分时，应选择空间扭曲形状来使撞击损失减小。

（5）叶片进口冲角。叶片进口角 β_1 通常都大于相对液流角，即 $\beta_1 > \beta_1'$，其正冲角 $\Delta\beta = \beta_1 - \beta_1'$，冲角的值一般为 $\Delta\beta = 3° \sim 10°$，个别情况可到 15°。将叶片进口冲角设置为正冲角不仅不会对泵的效率产生较大影响，还能提高泵抗汽蚀性能，其原因主要有三个方面：第一，如图 6-8 所示，增大叶片进口角 β_1 会减小叶片的弯曲，减小叶片进口的排挤，增加进口过流面积，从而减小 v_1 和 w_1；第二，采用正冲角，在设计流量下，液体在叶片进口背面产生脱流，因背面是流道的低压侧，该脱流引起的旋涡不易向高压侧扩散，因而旋涡是稳定的，对汽蚀的影响较小，反之，采用负冲角，液体在叶片工作面产生旋涡，该旋涡易于向低压侧扩散，对汽蚀的影响较大，图6-9表明，冲角为正值时压降系数变化不大，冲角为负值时急剧上升；第三，因泵流量增加，β_1'增大，采用正冲角可以避免泵在大流量下运转时出现负冲角。

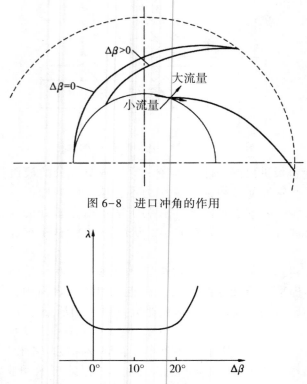

图6-8　进口冲角的作用

图6-9　冲角 $\Delta\beta$ 和压降系数 λ 的关系

（6）叶片进口厚度。具有良好抗汽蚀性能的泵的叶片进口厚度比较薄，且接近流线形。

（7）平衡孔。叶轮上的平衡孔可破坏和干扰叶轮进口主液流，一般情况下，平衡孔的面积不应大于或等于密封间隙面积的5倍，这种设计可以使泄漏流速减小，从而减小对主液流的影响，提高泵的抗汽蚀性能。

2. 防止汽蚀的措施

欲防止发生汽蚀必须提高（NPSH）$_a$，使（NPSH）$_a$ >（NPSH）$_r$。根据

$$(NPSH)_a = \frac{ps}{\rho g} + \frac{v_s^2}{2g} - \frac{p_V}{\rho g} = \frac{p_C}{\rho g} \mp h_g - h_{C\text{-}S} - \frac{p_V}{\rho g}$$ 可知提高（NPSH）$_a$ 的措施

包括：

减小几何吸上高度 h_g（或增大几何倒灌高度 h_g）；减小吸入液流的水力损失 h_{c-s}；泵在大流量下运转时 (NPSH)$_r$ 增大，(NPSH)$_a$ 减小，所以应考虑 (NPSH)$_a$ 有足够的余量，否则应防止在大流量下长期运转。值得注意的是，过高扬程的泵在大流量运转下易发生汽蚀；同样的转速和流量下，双吸泵不易发生汽蚀；泵发生汽蚀时，应把流量调小或降速运行；使用抗汽蚀的材料。

第7章　CFD软件及其应用

Computational Fluid Dynamics 缩写为 CFD，具体是指计算流体力学，是以计算机作为模拟手段，运用一定的计算技术寻求流体力学各种复杂问题数值解的一门新兴独立学科。计算流体力学的历史虽然不长，但已广泛深入到流体力学的各个领域，相应地也形成了各种不同的数值解法，应用较为广泛地包括了有限元法和有限差分法。

7.1　CFD 技术及其发展

随着计算机技术的发展，计算流体动力学（CFD）已广泛地运用到各种现代科学研究和工程应用中，本节主要介绍该技术及其发展。

7.1.1 CFD 技术

CFD 技术通常是指采用计算流体力学的理论及方法，借助计算机对工程中的流动、传热、多相流、相变、燃烧及化学反应等现象进行数值预测的一种工程研究方法。CFD 的基本思想可以归结为：把原来在空间及时间域上连续的物理量的场，如速度场和压力场，用一系列有限个离散点上的变量值的集合来代替，通过一定原则和方式建立起关于这些离散点上场变量之间关系的代数方程组，然后求解代数方程组获得场变量的近似值。

CFD 是除理论分析方法和实验测量方法之外的又一种技术手段，它与实验测量方法和理论分析方法有着明显的区别。准确地说，理论分析、实验测量与 CFD 之间相互促进、相互补充，三者共同构成了流动、换热问题研究的完整体系。图 7-1 所示为它们三者之间的关系。

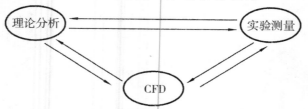

图 7-1　理论分析、实验测量与 CFD 之间的关系

理论分析方法通常是在研究流体运动规律的基础上提出简化流动模型，建立各类主控方程，并在一定条件下，经过推导和运算获得问题的解析解。理论分析方法能够给出普遍性的结果，用最小的代价和时间给出规律性的结果（如变化趋势）。尽管理论分析法在研究复杂的、以线性为主的流动现象中所占的使用较少，但在目前实际问题的解决中最常采用的还是理论分析法。

长期以来，人们常采用实验测量法对流体机理、流动现象以及流动新概念等进行研究，实验测量法是获得和验证流动新现象的主要方法，在今后相当长的时期内仍将是流动研究的重要手段。但是，实际应用中模型尺寸、外界干扰、测量精度以及人身安全等因素均会限制实验测量结果的精度，有时甚至无法获得实验结果。此外，实验测量还会遇到经费投入、人力和物力的巨大耗费及周期长等许多困难。

7.1.2 CFD 基础理论与计算方法

7.1.2.1 流动控制方程

湍流是自然界非常普遍的流动类型，湍流运动的特征是在运动过程中流体质点具有不断地相互混掺的现象，速度和压力等物理量在时间和空间上均具有随机的脉动值。无论层流还是湍流，三维瞬态的 N-S 方程都是适用的，而且流体流动要受物理守恒定律支配，基本的守恒定律包括质量守恒定律、动量守恒定律和能量守恒定律。如果流动包含不同成分的混合和相互作用，系统还要遵守组分质量守恒定律；如果流动处于湍流状态，还要满足附加的湍流输运方程，控制方程（Governing Equations）是这些守恒定律的数学描述。

（1）质量守恒方程（连续性方程）。任何流动问题都必须满足质量守恒定律，在直角坐标系下可得到微分形式的方程

$$\frac{\partial \rho}{\partial t} + \frac{\partial (\rho u)}{\partial x} + \frac{\partial (\rho v)}{\partial y} + \frac{\partial (\rho w)}{\partial z} = 0 \qquad (7-1)$$

对于不可压缩均质流体，密度为常数，则有

$$\frac{\partial u}{\partial x} + \frac{\partial v}{\partial y} + \frac{\partial w}{\partial z} = 0 \qquad (7-2)$$

式中，ρ 表示流体的密度；u，v，w 为速度的坐标分量。

（2）动量守恒方程（运动方程）。动量守恒方程也称为 N-S 方程，即

$$\frac{\partial (\rho u)}{\partial x}(\rho uu) = \text{div}(\mu \text{grad} u) - \frac{\partial \rho}{\partial x} + S_u \qquad (7-3)$$

$$\frac{\partial(\rho v)}{\partial x}(\rho vu) = \text{div}(\mu \text{grad} v) - \frac{\partial \rho}{\partial y} + S_v \qquad (7-4)$$

$$\frac{\partial(\rho w)}{\partial x}(\rho uu) = \text{div}(\mu \text{grad} w) - \frac{\partial \rho}{\partial z} + S_w \qquad (7-5)$$

式中，S_u，S_v，S_w 为动量守恒方程的广义源项；μ 表示动力黏度；t 表示时间。

（3）能量守恒方程。能量守恒方程的表达式为

$$\frac{\partial(\rho T)}{\partial t} + \text{div}(\rho uT) = \text{div}(\frac{k}{c_p}\text{grad} T) + S_T \qquad (7-6)$$

式中，k 表示流体的热传导系数；c_p 表示质量比定压热容；T 表示温度；S_T 表示流体内热源及由于黏性作用流体机械能转化为热能的部分。

（4）组分质量守恒方程（组分方程）。流体存在浓度差时，则会有物质的输送，即存在质量的交换，对应有组分质量守恒方程

$$\frac{\partial(\rho c_s)}{\partial t} + \text{div}(\rho uc_s) = \text{div}[D_s\text{grad}(\rho c_s)] + S_s \qquad (7-7)$$

式中，D_s 表示该组分的扩散系数；c_s 表示组分 s 的体积浓度；S_s 表示系统内部单位时间内单位体积通过化学反应产生的该组分的质量，即生产率。

7.1.2.2 数值计算方法和分类

湍流的计算若直接求解三位瞬态的控制方程时，需要采用直接模拟方法，该法适用于大内存、高速度的计算机中，在实际工程中较难实现。工程上广泛采用的方法是对瞬态 N-S 方程进行时均化，同时补充反映湍流特性的其他方程，组成封闭方程组再进行求解。目前对湍流研究的数值模拟方法主要有四种，分别是 DNS 直接数值模拟方法、PDF 概率密度函数法、RANS 雷诺时均 N-S 方程方法和 LES 大涡模拟方法。

7.1.2.3 湍流模型

湍流模型封闭求解方法主要用于雷诺时均 N-S 方程的求解，因此选用何种湍流模型直接影响着内流计算精度，但截止目前，在实际应用中还没有普遍适用的湍流模型。在叶轮机械内部流场计算中应用较多的是双方程模型、雷诺应力模型和大涡模拟模型。下面讨论几种常用的湍流模型。

（1）标准 $k - \varepsilon$ 模型。标准 $k - \varepsilon$ 模型是一种基于湍动能及其耗散率的简单双方程模型，该模型只适用于完全湍流的流动过程模拟。该模型在计算带有压力梯度的二维流动和三维边界层流动时可以取得良好的效果，但由于它采用各向同性的涡黏性假设，因而在计算旋转、曲率大、分离流动

时表现得不是很理想。该模型适合绝大多数的工程问题求解，其中 k 为湍动能，定义为速度波动的变化量，单位为 $\mathrm{m^2/s^2}$；ε 为湍动能耗散率，即指速度波动耗散的速率，其单位是单位时间的湍动能，即 $\mathrm{m^2/s^3}$。k，ε 方程为

$$\frac{\mathrm{D}(\rho k)}{\mathrm{D}t} = \frac{\partial}{\partial x_j}\left[\left(\mu + \frac{\mu_t}{\sigma_k}\right)\frac{\partial k}{\partial x_j}\right] + \tau_{ij}\frac{\partial \overline{u_i}}{\partial x_j} - \rho\varepsilon \tag{7-8}$$

$$\frac{\mathrm{D}(\rho\varepsilon)}{\mathrm{D}t} = \frac{\partial}{\partial x_j}\left[\left(\mu + \frac{\mu_t}{\sigma_\varepsilon}\right)\frac{\partial \varepsilon}{\partial x_j}\right] + C_{\varepsilon1}\frac{\varepsilon}{k}\tau_{ij}\frac{\partial \overline{u_i}}{\partial x_i} - C_{\varepsilon2}\rho\frac{\varepsilon^2}{k} \tag{7-9}$$

式中，ρ 为流体密度；μ_t 为湍流黏度，定义为 $\mu_t = \rho C_\mu\frac{k^2}{\varepsilon}$；其中，$\sigma_k = 1.0$，$\sigma_\varepsilon = 1.3$，$C_\mu = 0.09$，$C_{\varepsilon1} = 1.44$，$C_{\varepsilon2} = 1.92$。

（2）RNG $k-\varepsilon$ 模型。利用重整化群的数学方法对瞬时的 N-S 方程进行推导即可得 RNG $k-\varepsilon$ 模型。与标准 $k-\varepsilon$ 模型相似，RNG $k-\varepsilon$ 模型采用高雷诺数 $k-\varepsilon$ 方程，近壁处采用壁面函数法处理，其精度较高，该模型更适用于流线曲率大、有旋涡和旋转的叶轮机械内部流场。湍动能耗散方程变为

$$\frac{\mathrm{D}(\rho\varepsilon)}{\mathrm{D}t} = \frac{\partial}{\partial x_j}\left[\alpha_\varepsilon(\mu + \frac{\mu_t}{\sigma_\varepsilon})\frac{\partial \varepsilon}{\partial x_j}\right] + C_{\varepsilon1}^*\frac{\varepsilon}{k}\tau_{ij}\frac{\partial \overline{u_i}}{\partial x_j} - C_{\varepsilon2}\rho\frac{\varepsilon^2}{k} \tag{7-10}$$

式中，$C_{\varepsilon1}^* = C_{\varepsilon1} - \frac{\eta(1-\eta/\eta0)}{1+\beta\eta^3}$，$\eta = \frac{(2E_{ij}\cdot E_{ji})^{0.5}k}{\varepsilon}$，$E_{ij} = \frac{1}{2}\left(\frac{\partial u_i}{\partial x_j} + \frac{\partial u_j}{\partial x_i}\right)$，$\eta_0 = 4.377$，$\beta = 0.012$，$\alpha_\varepsilon = 1.39$，$C_{\varepsilon1} = 1.42$，$C_{\varepsilon2} = 1.68$。

（3）SST $k-\omega$ 湍流模型。切应力输运 $k-\omega$ 模型（简称 SST $k-\omega$ 模型）是一种改进的 $k-\omega$ 模型。与标准 $k-\varepsilon$ 模型相比，SST $k-\omega$ 模型中增加了横向耗散导数项，合并了来源于 ω 方程中的交叉扩散，同时在湍流黏度定义中考虑了湍流切应力的输运过程，模型中使用的湍流常数也有所不同。基于这些特点，该模型具有更广的适用范围、更高的精度和可信度。另外，SST $k-\omega$ 模型综合了 $k-\omega$ 模型在近壁区计算的优点和 $k-\varepsilon$ 模型在远场计算的优点，将 $k-\omega$ 模型和标准 $k-\varepsilon$ 模型都乘以一个混合函数后再相加就得到这个模型。在近壁区，混合函数的值等于 1，因此该模型在近壁区域等价于 $k-\varepsilon$ 模型；在远离壁面的区域，混合函数的值等于 0，该模型即自动转换为标准 $k-\varepsilon$ 模型。

（4）大涡模拟模型。湍流中包含不同时间与长度尺度的涡旋。平均流动的特征长度尺度为其最大长度尺度，Komogrov 尺度为最小长度尺度。LES 的基本假设：大涡输运能量、动量、质量及其他标量；大涡的特性由流动的几何和边界条件决定，流动特性主要在大涡中体现；几何和边界对小尺

度涡旋影响不大，并且各向同性，大涡模拟（LES）过程中，直接求解大涡，小尺度涡旋模拟，从而使得网格要求比 DNS 低。LES 的控制方程是对 N–S 方程在波数空间或者物理空间进行过滤得到的。过滤的过程是去掉比过滤宽度或者给定物理宽度小的涡旋，从而得到大涡旋的控制方程。

$$\frac{\partial \rho}{\partial t} + \frac{\partial \rho \, \overline{u_i}}{\partial x_i} = 0 \qquad (7\text{-}11)$$

$$\frac{\partial}{\partial t}(\rho \, \overline{u_i}) + \frac{\partial}{\partial x_j}(\rho \, \overline{u_i}\, \overline{u_j}) = \frac{\partial}{\partial x_j}(\mu \, \frac{\partial \overline{u_i}}{\partial x_j}) - \frac{\partial \overline{p}}{\partial x_i} - \frac{\partial \tau_{ij}}{\partial x_j} \qquad (7\text{-}12)$$

式中，τ_{ij} 表示亚网格应力，$\tau_{ij} = \rho \, \overline{u_i u_j} - \rho \, \overline{u_i} \cdot \overline{u_j}$。

很明显，上述方程与雷诺平均方程很相似，只不过大涡模拟中的变量是过滤过的量，而非时间平均量，并且湍流应力也不同。

需要说明的是，计算量影响着计算速度的快慢，当计算量大时，计算速度较慢，所花费的时间也长。湍流模型中方程的数量和方程中函数项的多少决定了计算中的工作量，如果不考虑大涡模拟方法，湍流模型计算从总体上说，单方程模型计算最快，双方程模型次之，雷诺应力模型最慢。

7.1.3 CFD 技术的发展历程

英国科学家 Thom 在 1933 年运用手摇计算机计算出了一个外掠圆柱流动的数值。CFD 技术约在 20 世纪 60 年代开始发展，至今已在全球范围内形成一定规模并取得了多种成果。综合来说，CFD 技术的发展经历了三个阶段：

（1）初创阶段（1965—1974 年）。美国科学家 Harlow 和 Welch 在 1965 年提出了交错网格。世界上第一本介绍 CFD 的杂志《Journal of Computational Physics》在 1966 年创刊。1969 年，英国帝国理工学院（Imperial College）创建 CHAM 研究小组，该研究小组主要是向工业界推广自己的研究成果。1972 年，SIMPLE 算法问世。1974 年，美国学者 Thompson、Thames 和 Mastin 提出了采用微分方程来生成适体坐标的方法（简称 TTM 方法）。

（2）工业应用阶段（1975—1984 年）。1977 年 Spalding 及其学生在 1977 年时将其开发的 GENMIX 程序公开发行。1979 年，大型通用软件 PHOENICS 问世。此软件在当时仅限于英国帝国理工学院 CFD 研究小组使用，主要用来为工业界计算一些应用问题。1979 年，Leonard 发表了著名的 QUICK 格式，这是一种具有三阶精变对流项的离散格式，其稳定性优于中心差分。英国 CHAM 公司在 1981 年将 PHOENICS 软件正式投放市场，开创了 CFD 商用软件市场的先河。在工业应用阶段，求解算法获得了进一步发展，先后出现了 SIMPLER、SIMPLEC 算法。

（3）蓬勃发展阶段（1985 年至今）。首先前、后台处理软件得到迅速发展。并行算法及紊流直接数值模拟（DNS）与大涡模拟（LES）的研究与发展在巨型机的研制基础上取得了一定成果。CFD 研究领域发展到一定阶段后个人计算机得到普遍应用。各国都把 CFD 作为工科高层次人才培养的一门重要课程。多个计算流动与传热问题的大型商用软件陆续投放市场。数值计算方法向更高的计算精度、更好的区域适应性及更强的稳定性的方向发展。

7.1.4 CFD 技术的应用

CFD 技术在近些年来的发展中已逐渐取代了经典流体力学中的一些近似计算法和图解法，过去的一些典型教学实验，如 Reynolds 实验，现在完全可以借助 CFD 手段在计算机上实现。CFD 技术几乎可以应用于解决所有涉及热交换、流体流动以及分子输运等现象中的问题。CFD 不仅作为一种研究工具，而且作为设计工具在流体机械、动力工程、汽车工程、船舶工程、航空航天、建筑工程、环境工程、食品工程等领域发挥作用。CFD 技术可以应用的工程问题包括汽轮机、锅炉等动力设备的设计；风机、水泵等流体机械的内部流动等。过去人们主要借助基本理论分析和大量的物理模型实验来处理以上相关问题，而现今人们可以采用 CFD 技术来分析和解决这些问题，CFD 现已发展到完全可以用来分析三维黏性湍流及旋涡运动等复杂问题的程度。

7.2 CFD 软件的结构及其常见的商业化产品

人们过去往往是自己编制 CFD 计算程序，但编制的 CFD 程序过于简单，无法完全适应计算机软硬件条件的多样化，程序缺乏通用性。而 CFD 本身具有鲜明的系统性和规律性，因此比较适合于被制成通用的商用软件。

7.2.1 CFD 软件的结构

20 世纪 80 年代以来，计算机技术的迅速发展促使国际上出现了如 Phoenics、CFX、Star-CD、Fluent 等多个商用 CFD 软件，在工程应用上发挥着越来越大的作用，这些软件的显著特点是：第一，软件具有较全面的功能，适用性强，可应用于工程中的多种复杂问题；第二，具有比较规范实用的前后处理系统和与各种 CAD 及 CFD 软件的接口能力，便于用户快速完成造型、网格划分等工作，同时还可让用户扩展自己的开发模块；第三，容错机制和操作界面完善化，具有较高的稳定性；第四，可在多种计算机、多种操作系统以及并行环境下运行。

CFD 通用软件数值处理方法较为成熟，在一定程度上降低了研究的难度并使研究的工作量减少。借助 CFD 通用软件，利用软件处理数值问题的能力，工程技术人员仅需将注意力集中在需要解决的具体问题上，从而避免了很多烦琐的工作，达到事半功倍的效果。一般商用 CFD 软件包括前处理、求解和后处理三个基本环节，与之对应的程序模块简称前处理器、求解器、后处理器。

7.2.1.1 前处理器

前处理工作中主要用到的是前处理器（Preprocessor）。前处理环节是向 CFD 软件输入所求问题的相关数据，该过程一般是借助与求解器相对应的对话框等图形界面来完成的。在前处理阶段，用户需要完成以下工作：定义求解问题的几何计算域；将计算域划分成多个互不重叠的子区域，形成由单元组成的网格；对所研究的流动传热问题，选择相应的控制方程；定义流体的属性参数；为计算域边界处的单元指定边界条件；对于瞬态问题，指定初始条件。

7.2.1.2 求解器

求解器（Solver）是数值求解的核心。如前节所述，有限差分、有限元和有限体积法等是人们常用的数值求解方法。总体上讲，这些方法的求解过程大致相同，具体步骤包括：借助简单函数来近似取代求解的流动变量；将该近似关系式代入连续型的控制方程中，形成离散方程组；求解代数方程组。

7.2.1.3 后处理器

CFD 软件中的后处理器主要用来观察和分析流动计算结果。随着计算机图形功能的提高，目前的 CFD 软件均配备了后处理器（Postprocessor），提供了较完善的后处理功能，包括：显示计算域的几何模型及网格；矢量图（如速度矢量线）；等值线图；填充型的等值线圈（云图）；XY 散点图；粒子轨迹图；图像处理功能（平移、缩放、旋转等）。

7.2.2 常用的 CFD 商业软件

常用的 CFD 软件包括以有限体积法为核心的软件和以有限元法为核心的软件。以有限体积法为核心的软件主要有 FLUENT、STAR-CD、PHOENICS，以有限元法为核心的软件主要有 FIDAP。此外还有一种软件是在将两者结合的基础上建立起来的，如 CFX 采用基于有限元理论的有限体积法。目前泵类机械中 FLUENT、CFX、STAR-CD 和 NUMECA 为常用的 CFD 软件。美国 Simerics 公司开发的一款专业模拟泵阀等旋转机械的 CFD 分析工具——PumpLinx 也被广泛使用。随着计算机技术的快速发展，这些商用软件在工程界发挥着越来越大的作用。

7.2.2.1 FLUENT

美国 FLUENT 公司在 1983 年时推出了 CFD 软件——FLUENT，该软件是基于有限体积法设计的，继 PHOENICS 软件之后第二个投放市场的软件。FLUENT 具有全面性、适用面广泛、使用广泛等特点。ANSYS 公司于 2006 年收购了 FLUENT，用它可模拟从不可压缩到高度可压缩范围内的复杂流动。FLUENT 能够达到最佳的收敛速度和求解精度，其在使用过程中运用了多种求解方法和多重网格加速收敛技术。

7.2.2.2 CFX

1995 年，CFX 收购了旋转机械领域著名的加拿大 TASC 公司，推出了专业的旋转机械设计与分析模块——CFX-TASCflow，且一直占据着 90% 以上的旋转机械 CFD 市场份额。2003 年，CFX 加入了全球最大的 CAE 仿真软件 ANSYS 的大家庭中。CFX 应用广泛，其应用领域包括了航空航天、旋转机械、能源、石油化工、机械制造、汽车、生物技术、水处理、火灾安全、冶金、环保等。采用了先进的全隐式多重网格算法，可计算包括可压与不可压流体、耦合传热、热辐射、多相流、粒子输送过程、化学反应和燃烧等问题，还拥有诸如空化、多孔介质、相间传质、非牛顿流、喷雾干燥、动静干涉、真实气体等大量复杂现象的实用模型。

目前 FLUENT 和 CFX 均被 ANSYS 公司收购，集成在 ANSYS Workbench 平台中成为一个模块。ANSYS Workbench 是集成多学科异构 CAE 技术的仿真系统，为产品开发建立仿真协同环境。

7.2.2.3 STAR-CD

STAR-CD 是由英国帝国理工学院开发，英国 CD-adapco 集团公司推出的通用流体分析软件。该软件是在有限体积法的基础上研制而成的，可用于计算不可压流和可压流（包括跨音速流和超音速流）、热力学及非牛顿流，它具有前处理器、求解器、后处理器三大模块，以良好的可视化用户界面把建模、求解及后处理与全部的物理模型和算法结合在一个软件包中。

STAR-CD 的前处理器（Prostar）具有较强的 CAD 建模功能，而且它与当前流行的 CAE/CAD 软件（ICEM、PATRAN、IDEAS、ANSYS、GAMBIT）等有良好的接口，可有效地进行数据交换。

STAR-CD 具有多种网格划分技术和网格局部加密技术，其中的网格划分技术包括 Extrusion 方法、Multi-block 方法、Dataimport 方法等，该技术能够实现自我判断网格质量的优劣。

STAR-CD 提供了多种高级湍流模型，如各类 $k-\varepsilon$ 模型。STAR-CD 具有 SIMPLE、SIMPI 和 PISO 等求解器，可根据网格质量的优劣和流动物理特性来选择。在差分格式方面，具有低阶和高阶的差分格式，如一阶迎风格式、二阶迎风格式、中心差分格式、QUICK 格式和混合格式等。STAR-CD 在三大模块中提供了与用户的接口，用户可根据需要编制 Fortran 子程序并通过 STAR-CD 提供的接口函数来达到预期的目的。其新一代求解器 Star-CCM+采用了最先进的连续介质力学数值技术。

7.2.2.4 NUMECA

1992 年，国际著名叶轮机械气体动力学及 CFD 专家、比利时王国科学院院士、布鲁塞尔自由大学流体力学系主任查尔斯·赫思（Charles Hirsch）教授共同倡导并成立了 NUMECA 国际公司。其核心软件是在该系为欧洲宇航局（ESA）编写的 CFD 软件——欧洲空气动力数值求解器（EURANUS）的基础之上发展起来的。NUMECA 国际公司一直致力于高度集成及用户化的流场数值模拟软件，及其叶轮机械设计软件的研制和开发。CFD 软件包包括分析软件和设计软件两大类。

（1）分析软件。分析软件包有 FINE/TURBO、FINE/AERO 和 FINE/HEXA 等，其中均包括前处理、求解器和后处理三个部分。处理内部流动时常用 FINE/TURBO 软件，处理外部绕流时常用 FINE/AERO、FINE/HEXA 可用于内部或外部流动，但为非结构自适应网格。泵仿真方面常用到的是 FINE/TURBO，该软件可用于叶轮机械任何可压或不可压、定常或非定常、二维或三维的黏性或无黏内部流动的数值模拟。软件包含 IGG 网格生成器，可生成任何几何形状的结构网格。

（2）设计软件。FINE/DESIGN 和 FINE/DESIGN3D 为常用的设计软件。FINE/DESIGN 用于 S1 流面流场的分析和叶型的再设计。基于反问题方法，即按照用户给出的载荷分布设计叶型，设计过程可通过由用户给出的许多约束（包括几何和制造约束）来控制。FINE/DE-SIGN3D 是在国际（日、美、欧）叶轮机械行业各主要企业的协作下发展起来的一个空前新颖的软件，该软件主要用于设计和优化新型、高效的三维叶型，旨在为用户提供一个设计叶轮机械的新概念。它以用户定义的多参数目标函数，以及几何和机械等方面的约束，来定义设计性能目标。该优化设计过程是全自动的，优化范围可覆盖约束之内的整个空间，而不像其他软件采用仅能覆盖非常有限个点的人工尝试和修改的方法。

7.2.2.5 PumpLinx

PumpLinx 是美国 Simerics 公司开发的 CFD（计算流体力学）软件，该软件专门用于各类泵的水力学模拟计算，其以成为泵阀行业工程师最有力的 CFD 模拟工具（预测流动及空化状况）为目标。PumpLinx 的核心部分是一个功能强大的 CFD 求解器，能够求解可压缩及不可压缩流体流动、传热、传质、湍流、空化等物理现象。PumpLinx 内置独一无二的、可准确预测各类空化流动的全空化模型。在此基础上，PumpLinx 还提供多种泵的专用模块用于泵的网格生成，参数设定，非定常计算中网格移动变形，以及后处理中数据自动采集等多项专用功能。目前 PumpLinx 提供下列泵的专用模块：离心泵、轴流泵；新月形内啮合齿轮泵；外齿轮泵；摆线内齿轮泵；轴流柱塞泵；滑片泵；螺旋桨、风扇。

7.2.2.6 FloEFD

FloEFD 是由 1988 年成立于英国的 Flomerics 公司开发的流动与传热分析软件，属于新一代的 CFD 软件。FloEFD 能够帮助工程师直接采用三维 CAD 模型进行流动与换热分析，不需要对原始 CAD 模型进行格式转换。FloEFD 和传统的 CFD 软件一样基于流体动力学方程求解，但是其关键技术使得 FloEFD 不同于传统 CFD 软件，使用 FloEFD 分析问题更快，稳定性更好，更准确，并且更容易掌握。该软件的特点具体体现在以下几个方面：

（1）使用已有的模型。对于传统 CFD 软件，为了创建一个分析模型，经常需要修改已有的 CAD 模型，其主要原因为：传统 CFD 软件的模型转换只对 80%的几何体有效，剩余的部分必须手工重建或者简化，这样必然需要大量手工干预；而 FloEFD 直接使用原始三维 CAD 模型，同时流动边界条件可直接在 CAD 模型上进行定义，简单地说，原始 CAD 模型无须修改即可被 FloEFD 直接用来分析。

（2）无须对模型进行简化。为了预测设计方案在真实环境中的性能，需要在工作环境中对设计方案进行模拟。传统 CFD 软件通常需要对模型进行特征简化，但需要简化到什么程度，简化后的模型能否真实地代表实际情况，很难把握。而 FloEFD 的稳定性非常好，可以处理非常复杂的几何模型，甚至对于很小的缝隙、尖角等都不需要进行简化。

（3）无须担心网格划分。要获得质量较高的网格并非易事，网格划分是流程中最重要的步骤之一，网格质量的高低直接影响计算结果的准确性。FloEFD 具有网格自动生成功能，还可以对网格进行优化，能够根据几何和物理要求自动为流体和固体区域细化或粗化网格。同时，FloEFD 还可以采用部分单元技术对近壁网格进行处理，以提高计算精度。

（4）无须创建辅助体。进行流体流动和传热分析时，对于充满气体或者液体的某些空腔，传统 CFD 软件通常要求在实体建模时就创建一额外的几何体代表该"空"区域，这很可能将"空"区域错误地处理成分离的固体。而 FloEFD 能自动区分"空"区域和外流区域，还能自动区分传热中材料不同的固体区域。另外，FloEFD 还能排除没有流体流动的空腔，避免不必要的网格划分。

（5）无须选择湍流与层流。使用 FloEFD，不需要在湍流与层流中进行选择，因为它采用了修正的壁面函数，支持层流与湍流的转换。另外，FloEFD 还自动考虑流体的可压缩性。

（6）简单的交互过程。流动与传热分析是一个交互过程，在得到初始设计的分析结果之后，通常还需要对模型进行调整和修改。如果设计分析平台与 FloEFD 集成，那么可以在初始分析之后简单地进行多次克隆分析。克隆的模型保持原来所有的分析数据，包括边界条件、载荷等。当实体模型修改后，无须再定义边界条件等，而可直接用来分析。传统 CFD 软件，则需要回到原始的 CAD 模型中修改模型，重新划分网格，定义边界条件、载荷之后，才可以用来进行流动与传热分析。

另外，FloEFD 采用矩形自适应网格，这是一种结构网格，相比于非结构网格，它需要的存储空间和计算时间均要少些，而且还可以方便地进行手工调整，确保网格质量优良。FloEFD 可以根据求解精度要求自动进行固体和流体区域的网格划分，并根据几何模型细节和结果自动调整网格密度。同时，还支持用户直接操作网格，手工进行网格划分。FloEFD 还具有强大的层流—过渡—湍流模拟能力，可采用与网格无关的统一的修正壁面函数自动进行层流湍流模拟，并可以自动判定层流区、过渡区和湍流区。

7.3 叶轮、压水室水力模型的绘制

在实验室中模拟复杂自然环境中水的动态变化时常用到水力模型。水力模型可用来预测当时环境给予某种影响时所发生的变化。在生产中离心泵的水力绘制具有十分重要的意义，离心泵的水力模型绘制主要包括叶轮、压力室水力模型的绘制。

7.3.1 叶轮水体三维造型

离心泵叶轮的水力模型如图 7-2 所示，绘制三维造型时需用到轴面投影图的形状及各角度木模截线的径向坐标。

以 PTC 公司的 Creo Parametric 为例，叶轮水体三维造型的主要步骤如下：

（1）启动 Creo Parametric 或者 Pro/E，进入界面后，单击"新建"按钮，弹出对话框。"类型"选择"零件"，"子类型"选择"实体"，"模板"选择"reruns-part-solid"，单击"确定"按钮，进入造型界面。

（2）建立基准轴。单击造型界面右侧的"基准轴"命令按钮，弹出对话框之后选择"轴"，单击"确定"按钮，完成基准轴的确立。

（3）输入叶片点坐标。单击造型界面右侧的"坐标偏移"命令按钮，弹出"偏移坐标系基准点"对话框，"参照"中选择造型界面的坐标系，"类型"中选择圆柱坐标，叶片数据整理成圆柱坐标的形式。单击"确定"按钮完成操作。重复此过程，输入工作面及背面上所有角度的点，完成点坐标的输入。

（4）绘制木模截线。单击造型界面右侧的"曲线"按钮，弹出对话框，在"曲线按钮"一栏选择"样条"，单击"整个阵列"，选择"添加点"，鼠标左键选取 0 度木模截线第一个点，单击"完成"按钮。单击"曲线"对话框中的"确定"按钮完成操作。重复此过程，完成所有木模截线的绘制。

（5）绘制叶片表面。单击造型界面右侧的"边界混合"按钮，依次选取上一步绘制的工作面的木模截线，完成叶片工作面的造型，重复此步骤完成背面的造型。单击造型界面右侧的"边界混合"按钮，选取工作面进口边和背面进口边，使整个叶片封闭，完成叶片进口的造型。

（6）曲面合并。选中叶片工作面、进口面和背面，单击"编辑 | 合并"命令，再单击"确定"按钮完成操作。选中合并特征与上一步的旋转面，

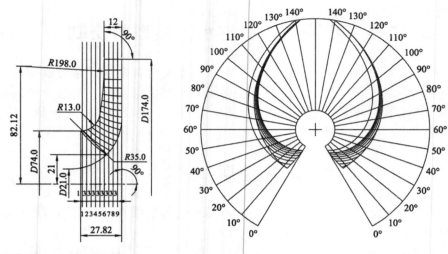

工作面　（径向坐标）

轴面角（度）进口边/角度		10	20	30	40	50	60	70	80	90	100	110	120	130	140
前流线	37/5°	37.11	37.91	39.4	41.49	44.11	47.2	50.63	54.3	58.28	62.66	67.56	73.12	79.54	87
1	35.7/4.7°														
2	32.2/3.7°	34.67	37.7/17.5°												
3	29.2/2.9°	32.06	35.93	39.1/28.1°											
4	26.6/2°	29.69	33.63	37.44	41.35	41.9/41.3°									
5	24.1/1.2°	27.62	31.56	35.49	39.37	43.22	47.03	48.9/65°							
6	21.7/0.4°	25.68	29.76	33.7	37.68	41.58	45.52	49.45	53.49	57.78	62.41	67.46	73.09	79.54	87
7		23.91	28.09	32.22	36.24	40.28	44.29	48.36	52.57	57.04	61.85	67.09	72.91	79.49	87
8	26.2/19.1°	26.58	30.87	35.02	39.18	43.33	47.53	51.9	56.51	61.46	66.85	72.8	79.46	87	
9		31.8/35°	33.94	38.27	42.57	46.92	51.43	56.18	61.25	66.73	72.75	79.45	87		
后流线	20.6/0°	23.4	26.5	30	33.7	37.8	42.1	46.5	51.2	56.1	61.2	66.7	72.8	79.5	87

图 7-2　离心泵叶轮水力图

单击"编辑 | 合并"命令，保存叶片的所有表面，再单击"确定"按钮完成操作。

（7）选择合并后的叶片，单击"编辑 | 实体化"命令，再单击"确定"按钮，完成操作。在此基础上，单击"倒圆角"按钮，选择叶片进口处两条边，圆角半径选择合适的值，单击"确定"按钮完成操作。

选中造型界面模型树里面的所有特征，右击选择"组"，如图 7-3 所示。选中该特征，单击造型界面右侧的"阵列"命令，选择"轴"，设置阵列个数为叶片数，阵列范围为 360°，单击"确定"按钮完成操作。最后保存成.prt 文件，如有需要，可根据后续另存为.stp 文件（保存时仅勾选实体）。

图 7-3　生成叶片实体

（8）切出叶轮水体。单击造型界面右侧的"旋转"命令，单击"放置"，在展开的对话框中单击"定义"。弹出"草绘"对话框后，在造型界面中选择合适的基准面，单击"草绘"，进入草绘界面。导入叶轮轴面投影图，选择实体旋转，选择原先的基准轴，旋转角度输入"360"，单击"确定"按钮，完成旋转操作。

导入叶片的.stp 文件，利用软件的"合并/继承"命令，选择"去除材料"，获得叶轮水体的文件，如图 7-4 所示。

图 7-4　切出叶轮水体

7.3.2 蜗壳水体造型

蜗壳水体造型主要包括：

（1）图 7-5 所示为蜗壳的水力图，在 AutoCAD 中对蜗壳水力图进行整理，保留蜗壳螺旋线、断面线和中心线，把图形缩放成 1：1，并保存为 dwg 格式文件，各个断面与螺旋线相交，不可超出螺旋线。

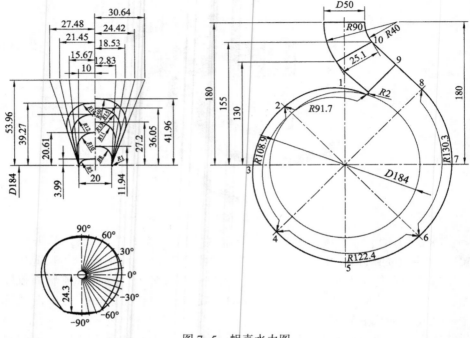

图 7-5　蜗壳水力图

（2）绘制基圆及蜗壳的 1～8 断面。单击造型界面右侧的"平面"按钮，弹出对话框后，在造型区域内选择合适的平面，单击草绘界面中的"圆"按钮，绘制基圆，单击草绘的"确认"按钮，完成基圆的草绘。单击"草绘"命令，按照蜗壳水力图各断面及出口进行草绘。进入草绘界面后，导入蜗壳各截面，形成完整的草绘形状，如图 7-6 所示。

（3）绘制蜗壳 1～8 断面实体。单击造型界面右侧的"边界混合"按钮，首先激活第一方向，依次选择各个断面线条；然后单击造型界面上的对话框，激活第二方向，选择基圆线。

（4）绘制扩散管。首先确定 9、10 断面所在的平面，然后单击造型界面"草绘"按钮，导入 9、10 断面图。为了方便绘制隔舌，对第 9 断面进行一定的修改，使其下端和基圆连接。选择"混合扫描"命令，选择 8、9、10 断面的样条，单击"确认"按钮。根据水力图上 9、10 断面的坐标点，在其对应的基准面上草绘断面形状，如图 7-7 所示。

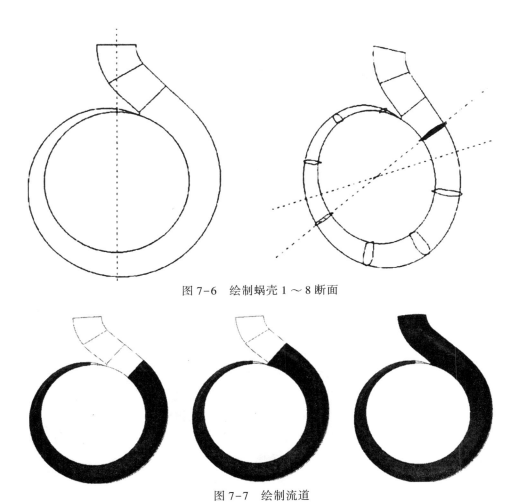

图 7-6　绘制蜗壳 1 ～ 8 断面

图 7-7　绘制流道

（5）断面填充及实体化。单击"编辑｜填充"命令，在打开的对话框中单击"参照"，再单击"定义"，然后选择第 1 断面所在平面，单击"草绘"进入草绘界面。选择"使用边"，弹出对话框后，在"类型"中选择"环"，然后单击第 1 断面的形状，就可以绘制出其轮廓，用直线连接断面底端，使图形封闭。在此基础上，选择合并的各个面，单击"编辑｜实体化"命令，单击"确认"按钮，如图 7-8 所示。

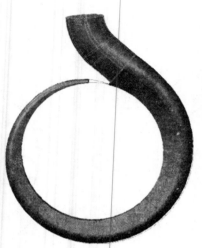

图 7-8 实体化

（6）隔舌的绘制。单击造型界面右侧的"拉伸"按钮，在"拉伸"框中选择"去除材料"，单击"放置"，进入"草绘"界面，绘制隔舌形状。"拉伸"对话框中拉伸方式选择"对称"，拉伸长度设置为蜗壳进口宽度，完成操作。对第 1 断面和隔舌断面处进行草绘，断面形状要封闭。草绘出两个断面之间的基圆和螺旋线；在此基础上，对隔舌处进行填充。单击"边界混合"按钮，依次选择第 1 断面和隔舌断面。按照一定的顺序，依次选择第一个基圆线、螺旋线及第二个基圆线完成相应的造型。选中要合并的曲面，单击菜单"编辑 | 实体化"，单击"确认"按钮，如图 7-9 所示。

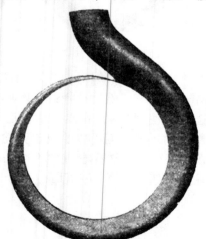

图 7-9 绘制隔舌

（7）叶轮和蜗壳间隙水体的添加。叶轮的出口和蜗壳基圆之间存在一段过渡水体，既可以加在叶轮的出口，也可以加在蜗壳的进口。当叶轮的外径小于蜗壳的基圆直径，存在间隙，为了在叶轮水体和蜗壳水体之间设置交界面，需将两水体之间的间隙填满；为了方便之后的网格划分，可以将间隙绘制在蜗壳水体上，从而获得蜗壳最终的水体。

7.4 流体域的网格生成

PumpLinx 操作较简单、计算收敛速度快以及后处理功能较为便捷，因此，其被广泛地应用到工程流体仿真中。打开 PumpLinx 文件后，其算例文件目录下有几个重要的文件，其中 ".Sgrd" 文件为网格文件，记录网格信息；".spro" 文件为工程文件，记录模型及边界条件设置信息。一个完整的算例包括了工程文件和网格文件。PumpLinx 整个操作界面包括主菜单、辅助工具栏、功能区、属性页、图形显示区、选择区和监测及结果显示区。如果在使用过程中发现某些区域或者选项卡缺失，可以在菜单 "View | Toolbars/Panels" 里勾选显示。下面介绍 PumpLinx 软件对离心泵进行数值模拟的应用实例。

7.4.1 离心泵几何模型的导入

".sti" 文件为 PumpLinx 支持的几何模型导入格式，在 CAD 软件中导出离心泵水体时应为 ".stl" 格式。进口段、叶轮（转子部分）和蜗壳为离心泵的三个组成部分，在实际操作中，可以选择将三个部分分别导出（造型时需对好坐标），也可以将三个部分在 CAD 软件中装配完成后整体导出。在 PumpLinx 操作界面功能区的 "Mesh" 选项卡下单击 "Import/Export Geometry or Grid"，然后单击属性页的 "Import Surface From STL Triangulation File" 按钮，找到模型所在文件夹并选中几何文件单击 "确定" 按钮即可导入模型。因为本例中是将装配好的模型整体导入，所以右边选择区的 "CAD Surfaces" 选项卡下显示的是一个整体名称——"pump"。

7.4.2 切分流体域及边界面

模型导入后，在模型上进行放缩操作，这一步是为了防止 PumpLinx 的导入对模型尺寸的改变，防止在后面的计算中出现不收敛甚至出现明显的错误。放缩的方法中，在右边选择区选中 "CAD Surfaces" 后，单击

"Mesh"选项卡下的"Transform Geometry or Grid"，在属性页中单击"Scale"按钮，软件默认放缩到 Millimeter（ram）。在"Operation"下拉菜单中还可以选择其他的操作。

完成放缩后还需要细分流体域，方便之后的求解设置。首先，应该对离心泵的三个组成部分进行分离。导入几何模型后在选择区单击选中"CAD Surfaces"，单击"Mesh"选项卡下的"Split/Combine Geometry or Grid"，在属性页的"Operation"下拉菜单中选择"Split Disconnected"并单击"执行"按钮，离心泵就会被划分出组装前的三个部分，右边的选择区将出现三个部分，并分别命名为 inlet_rotor 和 volute，重新命名时只需在鼠标单击选中后再次单击即可输入名称。

然后对离心泵的每个部分进行切分，其具体操作如下：

（1）切分进口段。在选择区选中 inlet，单击"Mesh"选项卡下的"Split/Combine Geometry or Grid"，在属性页的"Operation"下拉菜单中选择"Split by Angle"，按照面之间的夹角来分割面。由于进口段几何模型较为简单，所以将角度设置为75°即可，下方的"Maximum Num. of Splits"表示切分后生成的面的最大个数。单击"执行"按钮，进口段就被划分为三个部分（如果进口模型复杂，分割不彻底，可将角度调小），用鼠标单击某一部分，该部分就会在图形显示区高亮显示，将这三个部分命名为：inlet_in（进口段的进口面）、inlet_wall（进口段的壁面）、inlet_rotor（进口段与叶轮的交界面）。

（2）切分转子部分。叶轮为离心泵的转子部分，其切分方法同进口段。值得注意的是，复杂的三维构成模型导致面与面之间夹角相对较小，因此，在切分时应将角度设置为20°，叶轮切分后就被分成了20个小部分。此外，切分叶轮后，会出现许多属于叶片的小碎面，在后期需要合并操作这些小碎片，分别是：

①rotor_inlet——叶轮与进口的交界面。
②rotor_shroud——叶轮前盖板面。
③rotor_hub——叶轮后盖板面。
④rotor_volute——叶轮与蜗壳的交界面。
⑤rotor_blades——叶轮叶片。

（3）切分蜗壳。蜗壳的切分方法同叶轮，且蜗壳在切分后也会出现碎面，后期需对其进行合并处理。蜗壳切分后有三个部分：volute_rotor（蜗壳与叶轮的交界面）、volute_wall（蜗壳的壁面）、volute_out（蜗壳出口）。

7.4.3 生成网格

在切分完所有的边界面后，需对流体域进行网格生成。二叉树的方法常被用来生成 PumpLinx 网格，且生成的为笛卡尔网格，其特点是生成速度快且操作简便、可精确地表达原始几何、计算精度和速度优于其他网格。离心泵的网格划分包括进口段、叶轮和蜗壳部分的网格生成。例如，对进口段生成网格时，首先在右边选择区的"CAD Surfaces"下选中所有进口段的切分面：inlet_in、inlet_rotor 和 inlet_wall（选中部分必须为一个封闭的几何体），然后单击"Mesh"选项卡下的"General Mesher"，左下方属性页显示网格生成的信息，一般对 Maximum Cell Size（最大网格尺寸）、Minimum Cell Size（最小网格尺寸）、Cell Size on Surfaces（面网格尺寸）三个影响网格数量的变量进行修改，其余保持默认，最后单击"Create Mesh"按钮即可生成网格，其余部分的网格按相同的方法生成。

网格生成后单击"Mesh"选项卡下的"Grid and Geometry Information"，左下方的属性页就会显示网格信息，如网格数和节点数等（注意：只能查看目前所生成的总网格信息，不能查看每个部分单独的网格信息）。查看网格的细节时需选中"Volumes"选项卡下的任意一个或者全部组成，然后勾选"Results"选项卡下的"Grid"即可。生成网格后右边的选择区会对应生成"Built Meshes"和"Volumes"两个部分，可以将其列表中的每个部分对应重新命名为 inlet、rotor 和 volute。

修改网格数量时，只需选择"Built Meshes"下生成的网格部分，然后在左下方的属性页修改网格尺寸，最后单击"Create Mesh"按钮即可（注意：此时"Create/Replace Mesh"下拉菜单中应为"Replace"选项）。

PumpLinx 对于复杂的曲面容易生成碎网格，即有一小部分网格不在之前切分的面上，需要将其合并，一般情况下，碎网格存在于叶片表面和蜗壳的壁面。例如，展开"Volumes | Rotor | Boundaries"，首先选中"sub-features"查看这部分网格属于哪个部分（本例中为叶片的碎网格），然后将其合并到该部分上，合并方法与合并几何模型相同（后选中的部分合并到先选中的部分上）。

生成网格后还需设置交界面，单击选择区左上方的"Group Entities by Volumes/Types"按钮切换显示，调出"Boundaries"下拉菜单，按住"Ctrl"键选择需要设置的交界面，如 inlet_rotor 和 rotor_inlet，然后单击上方的"Connect Selected Boundaries via MGI"按钮即可生成交界面。生成交界面后可通过选择区出现的"Interfaces"和"Mismatched Grid Interfaces"菜单查看交界面是否设置正确。以上就是网格生成的全部步骤，接下来需要设置模型的求解程序和数值模拟。

7.5 CFD 软件模拟及后处理

CFD 软件可用来分析和显示流场中发生的一些现象，其软件结构包括前处理、求解器和后处理三部分。一般情况下，前处理需要生成计算模型所必需的数据，其过程包括建模、数据录入和生成表格等。求解器可根据具体的模型，完成相应的计算任务，并生成结果数据。后处理则可以组织和诠释所生成的结果。本节将以 PumpLinx 为例，说明 CFD 软件求解装置和后处理相关内容。

7.5.1 求解装置

求解装置是用来将前处理生成的数据根据具体的模型进行计算并生成结果的过程，一般情况下，求解器的设置包括以下几个方面：

（1）求解模块设置。使用 PumpLinx 进行计算时，首先应该加入泵的类型、湍流模型和空化模型等必要的模块。在"Model"选项卡下单击"Select Modules"，在弹出的对话框中对相应模块进行添加，一般对于离心泵的计算选择"Centrifugal""Turbulence""Cavitation"和"Streamline"这几个模块。

（2）离心泵运行参数设置。单击"Model"选项卡下的"Centrifugal"模块，在属性页可对计算模式（定常与非定常）、叶片数、转速单位及大小、旋转轴及方向等运行参数进行设置。其中，"Setup Options"下拉菜单可以选择"Template Mode"（默认模板）和"Extended Mode"（高级模板），默认模板下所有的流动参数（湍流模型、空化模型等）均为默认不支持修改。本例选用高级模板以便展示可供用户修改的参数。其中叶轮的旋转速度一般选用"RPM"（r/min），旋转方向选用绕轴线旋转（Rotational Axis Vector），其方向和输入的轴向向量有关。本例中 x、y、z 三个坐标 0、0、1 表示方向向量，即叶轮绕 z 轴旋转，且方向为从 z 轴正方向看过去叶轮的旋转应为顺时针；如果 z 坐标输入的为 −1，则应从 z 轴的负方向看过去定义叶轮的旋转方向，即逆时针。

（3）边界条件设置。在求解物理问题时，均需对边界条件进行设置，边界条件关系到计算结果的正确性。进出口边界条件、壁面边界条件及设定转子为离心泵仿真技术中常涉及的边界条件。PumpLinx 中设定方法相对简单，只需在"Boundaries"列表中单击需要设置的部分，在属性页的"Centrifugal"下拉菜单中选择对应的边界类型，如 Inlet、Outlet、Wall、Rotor 及 Rotating Wall。如果是 Inlet 和 Outlet，则还需设定特定的值。PumpLinx 中的进出口条件只有一种，即总压进口（默认为一个大气压——101325Pa，用户可以修改）和体积流量出口（单位为 m^3/s）。

离心泵进出口边界条件的设置方法为：在设置进口边界条件时需要将"Streamline"选项下的"Release Particle"选择为"Yes"，以此来保证计算时离心泵内的三维曲线能够显示出来。

其余的壁面条件默认为光滑壁面（Smooth），用户也可以给定粗糙度，选中壁面后，在属性页"Turbulence | Wall Roughness Model"中选择"Rough"，并在"Roughness Height"中输入相应的值。壁面粗糙度一般对计算结果影响不大，无须修改。

（4）流动参数设置。该步骤主要用来修改整个"Flow"模块，包括湍流模型、空化模型等。若离心泵的模型设置为默认模型，此步骤则只可设置湍流，若想修改具体的流动细节，则需在高级模板下进行。在工作界面的右边选择区选中"Volumes"，则属性页中显示所有的流动特性，可修改的内容包括流体介质、湍流模型及参数（仅有标准 $k-\varepsilon$ 和 RNG$k-\varepsilon$ 两种可选，默认为前者）、空化模型及参数等，其中"Output"选项的内容为用户定义是否将该变量输出以便进行后处理（此项主要针对采用 EnSight 软件进行深入的后处理）。

（5）运算设置。运算设置包括定常与非定常计算、收敛残差、迭代步数、计算圈数等。定常计算设置主要为收敛残差和迭代步数，首先在"Model | Centrifugal | Simulation Method"下拉菜单中选择"Steady"，然后单击"Common"按钮，在"Number of Iterations"中输入总的迭代步数（计算开始后也可在"Simulation"选项卡下进行修改），而"Additional Output Files"下拉菜单中默认为"No Other Outputs"，表示没有其他格式的结果文件输出，如果需要用 EnSight 软件进行后处理，则可选择"EnSight Format"。有三项残差需要设置，用鼠标分别单击"Flow""Turbulence"和"Cavitation"，然后在"Converge Criterion"中输入对应的残差值，则分别代表不同物理量的残差值，但一般设置为相同。

非定常计算设置和定常计算类似，首先将"Sireulation Method"设置为"Transient"，"Time Deftnition"选项用来定义计算的总时间，有三个可选项：Revolutions（叶轮旋转圈数）、Pockets（叶片从当前位置转到相邻叶片位置的次数）和 Total Time Steps（总的时间步长）。Pocket 的定义如图 7-10

所示，一个 Pocket 相当于叶片转过的角度为 $\Delta\varphi = \dfrac{2\pi}{Z}$ ，其中，Z 表示叶轮叶片数。

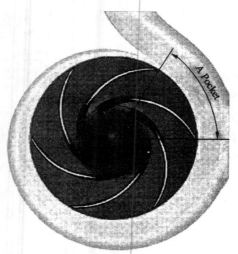

图 7-10　Pocket 的定义

（6）监测设置。计算过程还需设置监测不同几何位置处不同变量的监测点和监测图表。通常在非定常计算时，要想得出某一监测点处的压力脉动或者其他变量随时间的变化规律，需要先在流体域内创建监测点。创建监测图表可以在计算过程中查看变量的变化情况，需先选中要监测的位置。

7.5.2 后处理

PumpLinx 在计算完成后会生成结果文件（Simerics Results File），后处理时可以直接双击打开或者在 Simerics Project File 中单击辅助工具栏的"Load Results"按钮载入结果。后处理时需要隐藏其他部分，因此 PumpLinx 中还需要去掉其他部分的轮廓，分别选中选择区的各个分类，然后取消勾选"Results"选项卡下的"Outline"即可。

PumpLinx 后处理主要用到辅助工具栏和"Results"选项卡。在辅助工具栏上，可以选择坐标的显示与隐藏、是否加亮及多个视图的显示和排列。最右边的鼠标控制一般选择为平移，这样按住鼠标左键实现平移、按住鼠标中键为旋转、滚动滚轮为 360° 旋转。"Results"选项卡下，"Variable"下拉菜单中可以选择显示的变量，最下方可自定义变量的范围，是否光滑过渡等。在"Properties | View"下也可以编辑图形的属性。

下面为几种常用的后处理：

（1）叶片表面的后处理。在对叶片表面进行后处理时，需要先查看离心泵叶片表面的压力、速度、气泡体积分数等变量的分布。首先在选择区只勾选"rotor_blades"，在"Results"选项卡下勾选"Surface"，"Outline"可选可不选，然后在"Variable"下拉列表中选择所需的变量，如选择"Pressure"，则叶片表面呈现压力分布云图。在工具栏视图方向的下拉菜单中可以定义视图的方向，一般平行于转轴显示叶片。在"Properties | View"窗口下可编辑后处理图形，如变量类型、变量范围、标尺的位置、颜色分布及图片的大小等。

（2）创建截面。离心泵的后处理通常要查看中间截面上的数据。在选择区上方单击"Create a Cross - Section"按钮，下方出现"Derived - Surfaces"，选中该部分（其余全部不选）并选择需要查看的变量，最后在"Properties | Geometry"窗口下定义该平面的位置并选择合适的视图方向，流体在该平面上的变量就可以展示出来。如需查看速度矢量，可以在"Results"选项卡下勾选"Vectors"。

（3）流线显示。在 PumpLinx 中可以显示整个流体域的三维流线并在流线上定义变量。在选择区单击选中"Streamlines"即可显示流线，在"Properties | View"窗口下可以给流线定义变量，如压力，则流线的颜色将代表压力的大小。在"Properties | Model"窗口还可以定义流线的粗细、数目等。

（4）保存图片及动画制作。后处理图片的保存可通过单击"File | Save Image…"来实现。开始计算瞬态前，将保存频率设置为 20。当计算完成后，在当前目录下则会存储多个结果文件。在模型显示区域，将三维显示效果调至最佳位置，然后在"File"菜单下选择"Save Animation…"，弹出对话框，选择对应的所有结果文件，然后单击"打开"，再给定该动画的名称，单击"保存"即可生成后缀为".gif"的动画文件。

第8章 离心泵的数值模拟技术

离心泵作为现代通用流体机械，已被广泛地应用于人类生产、生活的各个领域中。传统的离心泵需要经过设计、样机性能试验检测以及制造三大过程，所耗费时间、人力均较多。随着计算机技术的发展，离心泵的生产已开始利用数值模拟来代替模型试验，这在很大程度上加快了离心泵的发展。

8.1 离心泵空化的数值模拟

空化现象是流体流动过程中局部压力低于饱和蒸汽压力以下时出现的空泡生成、长大、溃破现象。离心泵内流动的连续性会由于空化现象而受到破坏，降低泵的扬程，并使泵系产生振动、噪声，从而降低离心泵的效率，严重时会导致整个系统无法工作。降低空化、空蚀的危害已成为国内外学者研究的重点和难点，当前众多学者在试验研究和数值模拟方面展开了大量的研究。

8.1.1 基于简化 R-P 方程的空泡动力学模型

广义的空泡动力学方程为

$$\frac{p_B(t) - p_\infty(t)}{\rho_1} = R\ddot{R} + \frac{3}{2}\dot{R}^2 + \frac{4\nu_1\dot{R}}{R} + \frac{2S}{\rho_1 R} \tag{8-1}$$

等式左边是由远离空泡处的边界条件确定的压力驱动项，$p_B(t)$ 为空泡内压力，$p_\infty(t)$ 为无穷远处压力，ρ_1 为液相密度。等式右边第一项是空泡二阶运动项，R 为空泡半径；第二项是空泡一阶运动项；第三项是黏性项，ν_1 为液相运动黏度；第四项是表面张力项，S 为表面张力系数。

由于黏性项的存在，上式不能被积分，故在水力机械空化领域初步考虑忽略黏性项，仅考虑由压力驱动项、空泡一阶运动项、空泡二阶运动项及表面张力项所组成的动力学方程，即

$$\frac{p_B(t) - p_\infty(t)}{\rho_1} = R\ddot{R} + \frac{3}{2}\dot{R}^2 + \frac{2S}{\rho_1 R} \tag{8-2}$$

8.1.2 基于 CFX 的离心泵空化数值模拟

空化数值计算分为定常空化计算和非定常空化计算，从 "Analysis Type" 选项中进行选择。其中，非定常空化计算的时间步长及计算总时长的设置方法与不加载空化的非定常计算设置方法相同，初始时刻一般选择从 0 s 开始。

进行空化数值模拟，首先要加载液体和气体两相，并设置各自的参数，包括各相属性参数。加载空化模型时需设置表面张力系数（根据不同的液体介质及温度确定），选择空化模型，设置平均空泡直径、饱和蒸汽压力及液体中空泡核的体积分数等。

其次是对边界条件的设置，空化数值计算中，一般选择压力进口、质量流量出口，设置方法与不加载空化模型的设置方法相同。空化数值计算中，保持流量不变而逐步降低进口压力使泵内发生空化，进口压力一般从一个大气压开始逐渐降低。设置两相的初始体积含量，一般水的体积含量为 1，而气泡的体积含量为 0。计算的收敛条件等的设置方法与不加载空化模型的设置方法相同，参考压力一般设置为 0atm。至此，空化数值计算的基本设置已经完成。

通过对不同进口压力下的扬程进行计算，对进口压力进行换算得到对应的有效汽蚀余量（NPSH）$_a$，最终得到如图 8-1 所示的空化性能曲线，其中 H_0 为设计流量下无空化条件下的泵扬程，$\frac{H}{H_0}$ = 0.97 时对应的（NPSH）$_a$ 为该泵的必需汽蚀余量（NPSH）$_r$。

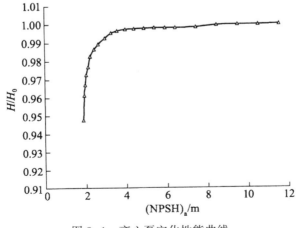

图 8-1　离心泵空化性能曲线

通过模拟得到不同进口压力下泵内部压力分布、不同进口压力下泵内部空泡体积分布及临界空化余量下泵内部空泡体积分布后可进行空化批处理。空化数值模拟过程中，需要逐步修改边界条件以达到所需的运行工况与相应的空化条件，可以基于批处理（Batch）与 ANSYS-CFX 软件联立，进行空化数值模拟的自动运行计算，将研究人员从繁重的监控任务中解放出来，其处理流程如图 8-2 所示。

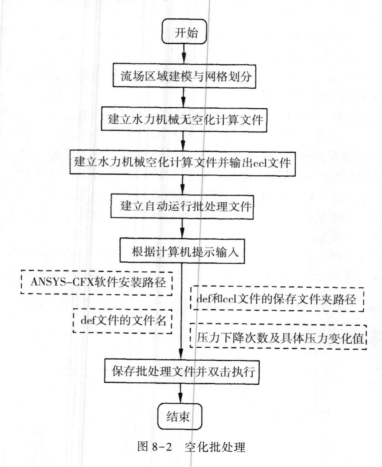

图 8-2　空化批处理

8.1.3 空化模型的修改

空化模型的修改基于其控制方程，原控制方程表达式如下

$$\frac{\partial \alpha_{\mathrm{V}}}{\partial t} + \frac{\partial (\alpha_{\mathrm{V}} u_j)}{\partial x_j} = \dot{m}^+ + \dot{m}^- \qquad (8-3)$$

其中，$\dot{m}^+$ 为汽化项，$\dot{m}^-$ 为凝结项。

其各自的表达式为：当 $p < p_V$ 时

$$\dot{m}^+ = F_{vap} \frac{3r_{nuc}(1-\alpha_V)\rho_V}{R_B} \sqrt{\frac{2}{3}\frac{p_V-p}{\rho_1}} \tag{8-4}$$

当 $p > p_V$ 时

$$\dot{m}^- = F_{cond} \frac{3\alpha_V\rho_V}{R_B} \sqrt{\frac{2}{3}\frac{p-p_V}{\rho_1}} \tag{8-5}$$

式中，r_{nuc} 表示空泡成核点体积分数，取值为 $r_{nuc} = 5 \times 10^{-4}$；$F_{vap}$、$F_{cond}$ 表示汽化、凝结过程的经验修正系数，取值为 $F_{vap} = 50$，$F_{cond} = 0.01$；R_B 表示空泡成核点半径，取值为 $R_B = 2.0 \times 10^{-6}$。

对 $\dot{m}^+$ 和 $\dot{m}^-$ 进行修正，其修正结果如下：

当 $p < p_V$ 时

$$\dot{m}^+ = C_{vap} \frac{3r_{nuc}(1-\alpha_V)\rho_V z \max(1, \sqrt{k})}{0.018\left(\dfrac{\rho_1 n^2}{3600z}\right)^{-\frac{1}{3}}} \sqrt{\frac{2}{3}\frac{p_V-p}{\rho_1}} \tag{8-6}$$

当 $p > p_V$ 时

$$\dot{m}^- = C_{cond} \frac{3r_{nuc}\alpha_V\rho_V\rho_V z \max(1, \sqrt{k})}{0.018\left(\dfrac{\rho_1 n^2}{3600z}\right)^{-\frac{1}{3}}} \sqrt{\frac{2}{3}\frac{p-p_V}{\rho_1}} \tag{8-7}$$

其中，C_{vap} 和 C_{cond} 为经验系数，要想使用修正后的空化模型进行空化数值计算，需要在加载空化模型时编辑公式并进行加载。

8.2 离心泵气液两相流的数值模拟

在一些高端领域如石化、环保、水利、航天等中，经常会出现离心泵输送气液两相流的问题。离心泵对工作介质中的气体含量较为敏感，因此气液两相流的状态会改变离心泵的运行性能，使离心泵产生剧烈振动噪声，影响运行系统的可靠性。当前关于离心泵的研究热点之一，即对气液两相流数值的模拟。

8.2.1 常用的气液两相流数值模拟方法和模型

在当前的数值模拟中，处理气液两相流问题常用到两种方法，即欧拉方法和拉格朗日方法。欧拉方法将某相看成是连续的，根据连续性理论导出欧拉型基本方程；拉格朗日方法则是将某相视为不连续的离散型，对每个质点进行拉格朗日追踪。综合两相流动来看，多相流计算模型主要有欧拉—欧拉、欧拉—拉格朗日、拉格朗日—拉格朗日三类。本节基于欧拉模型，论述采用 CFX 软件对气液两相流下离心泵内部流动进行数值模拟的方法。

CFX 中欧拉多相流模型分为均相流模型和非均相流模型两种。均相流模型以均质平衡流理论为基础，将两相视为一种介质，采用单流体 N–S 方程进行计算。均相流模型不同相之间不发生相对运动，且假设各相之间的热力学平衡中无热交换，气液两相之间无速度滑移且流速相等。采用均相流模型进行计算能在一定程度上对宏观流动学及力学特性进行反映，但无法准确地预测非定常流动细节。

非均相流模型是在均相流模型的基础上发展起来的，它将气液两相视为独立的相，分别求解 N–S 方程，同时把两相界面被视为移动的边界，并充分考虑不同相之间的能量传递及速度滑移作用，每一相都有各自的流场并通过相间传递单元进行传递，即每相都拥有各自的温度场和速度场，最后通过相间作用力和热量传递使两相的速度和温度达到平衡，相比于均相流模型，非均相流模型更接近实际情况。

8.2.2 基于 CFX 的离心泵气液两相流数值模拟

基于 CFX 的离心泵气液两相流数值模拟步骤如下：

（1）新建文件并导入网格（Import Mesh）。

（2）定义模拟类型（Simulation Type）。进行定常数值模拟时选择"Steady State"。

（3）创建计算域。在任务栏中单击"Domain"图标生成域，在弹出的域命名窗口输入域名"Jinkou"，单击"OK"按钮。在"Basic Settings"页面下，"Location and Type"中"Location"选择"INLET"。在"Fluid and Particle Definitions…"下添加气体工作介质，修改名称为"air"，"Material"选择"Air at 25C"，"Morphology"选择"Dispersed Fluid"，"Mean Diameter"设置为"0.2［mm］""Reference Pressure"设置为"1［atm］"，"Domain Motion"选择"Stationary"。然后添加液体工作介质，修改名称为"water"，"Material"选择"water"，"Morphology"选择"Continuous Fluid"，"Reference Pressure"设置为"1［atm］"，其余选项为默认。流动模型"Fluid Models"中，均不勾选。在"Fluid Specific Models"中，气体湍流模型为"Dispersed Phase Zero Equation"，液体湍流模型为"k–Epsilon"。在 "Fluid Pair Models" 中，勾选 "Surface Tension Coefficient"，设置为 "0.073 [N m^-1]"。"Interphase Tramsfer" 选项中选择 "Particle Model"，"Drag Force" 选项中选择 "Schiller Naumann"，"Turbulence Transfer" 选项中选择 "Sato Enhanced Eddy Viscosity"，其余选项为默认。采用与定义进口水体一样的方法对蜗壳水体和出口水体进行域定义，而对于叶轮水体，设置步骤有些许不同。"Domain Motion" 修改为 "Rotating"，根据右手法则，"Angular Velocity" 设为 "-2900 [rev min^-1]"，"Axis Definition" 选择 Z 轴为旋转轴，其他选项默认。

（4）指定进出口边界条件（Boundary Condition）。单击 "Boundary" 图标，选择进口计算域，在弹出的域命名窗口输入域名 "Inlet"，边界类型设置为 "Inlet"，位置是 "INLET_IN"（注意：这是选择流体的进口位置），"Mass And Momentum" 选择 "Total Pressure (stable)"，指定 "Relative Pressure" 为 "1 [atm]"，流动数值中气体的体积分数是 "0.1"，而液体的体积分数是 "0.9"，其他选项默认。单击 "Boundary" 图标，选择出口计算域，在弹出的域命名窗口输入域名 "Outlet"，边界类型设置为 "Outlet"，位置是 "VOLUTE_OUT"（注意：这是选择流体的出口位置），"Mass And Momentum" 选择 "Bulk Mass Flow Rate"，指定 "Mass Flow Rate" 为 "13.87 [kg s^-1]"，其他选项默认。

（5）设置交界面。首先定义进口与叶轮的交界面，在任务栏中单击 "Interface" 图标，在弹出的域命名窗口输入域名 "in_yl"，交界面类型为 "Fluid Fluid"，交界面的一边选择进口的出口 "INLET_OUT"，另一边选择叶轮的进口 "ROTOR_IN"，交界面模型是 "General Connection"；"Frame Change/Mixing Model" 选择 "Frozen Rotor"；"Pitch Change" 中选择 "Specified Pitch Angles"，Pitch Angle 两边都是 "360 [degree]"。叶轮和蜗壳的交界面按同样的方法设置。蜗壳和出口的交界面的设置与前两者有些许差异，将 "Frame Change/Mixing Model" 修改为 "None"，其他选项默认。

（6）设定求解控制。在任务栏中单击 "Solver Control" 图标 "Advection Scheme" 设定为 "High Resolution"；"Turbulence Numerics" 设定为 "First Order"（可以根据精度的要求自行设置）；"Convergence Control" 中最小迭代次数设置为 "1"，最大迭代次数设置为 "1000"。时间步长控制选择物理时间步长（可以选择自动步长），物理时间步长为 "0.0032945 [s]"（推荐物理步长为 $1/w$）；"Residual Type" 选择 "RMS"，"Residual Target" 设为 "0.00001"（这个精度基本符合要求），其他选项默认，单击 "OK" 按钮。

（7）设定输出控制。在 "Expressions" 下插入监测方程，在任务栏中单击"Output Control"图标,在监测设置中,在"Expression Value"中依次选择"H""pressurein""pressureout",单击"OK"按钮。

(8)运行。单击"Define Run"图标,单击"Save"按钮。在弹出的对话框中选择工作目录,单击"Start Run"按钮。

(9)启动CFX-Post,创建平面。首先关闭几何图形的显示,取消勾选"Wire-fram"选项。在任务栏中单击"Location",选择"Plane"选项,并指定名称,默认为"Plane 1",单击"OK"按钮。在平面信息中,平面生成方法是"XY Plane",Z值为"0.0 [m]",其他选项默认,单击"Apply"按钮。云图、矢量图、流线图的绘制方法分别如下:

1)绘制云图。单击任务栏中的"Contour"图标,并指定名称,默认为"Contour 1",单击"OK"按钮。"Locations"选择"Plane 1","Variable"选择"Pressure","Range"选择"Local",单击"Apply"按钮,生成压力云图。"Variable"选择"air. Volume Fraction",生成气体体积分数云图。

2)绘制矢量图。单击任务栏中的"Vector"图标,并指定名称,默认为"Vectot 1",单击"OK"按钮。"Locations"选择"Plane 1","Sampling"选择"Vertex","Variable"选择"water. Velocity",单击"Apply"按钮,生成速度矢量图。

3)绘制流线图。单击任务栏中的"Streamline"图标,并指定名称,默认为"Streamline 1",单击"OK"按钮。"Type"选择"3D Streamline","Domains"选择"All Domains",开始位置为前处理中设置的"Inlet","Sampling"选择"Equally Spaced"(下拉菜单中还有其他选择),点数输入"50",变量为"water. Velocity",其他选项默认,单击"Apply"按钮,生成速度流线图。

8.3 离心泵固液两相流的数值模拟

水利、电力、冶金、环保工业以及海洋金属矿物质开采等流体工业的发展,促进了输送各种含有固体的液体的流体机械的发展。这些流体机械在生产中一直面临着两方面的难题,即流动介质中的固体颗粒降低机械效率和固体磨损问题而导致离心泵可靠性变差,这两个问题一直制约着固液两相输送离心泵的发展和应用。

8.3.1 固液两相流模型及计算方法

目前,研究流—固两相流动的模型大体可划分为三类:欧拉—欧拉方法的双流体模型（Two-Fluid Model，TFM）；欧拉—拉格朗日方法的连续—离散相模型（Combined Continuum and Discrete Model，CCDM）；拉格朗日—拉格朗日方法的流体拟颗粒模型（Pseudo Particle Model，PPM）。

（1）双流体模型（或称颗粒拟流体模型）。该模型的主要思想是在欧拉坐标系中，将离散的颗粒相假设成连续的拟流体，使之具有和连续流体相相同的动力学特性，全面考虑相间速度滑移、颗粒扩散、相间耦合和颗粒对流体的作用。该模型的限制是所选取的流体控制体尺度必须远大于单颗粒尺度，又要远小于系统的特征尺度。由于实际中颗粒相本身是离散的且颗粒几何尺度范围较宽，在颗粒尺度较大的情况下将其作为连续相处理会使分析结果与实际情况有较大的误差。

（2）连续—离散相模型。连续—离散相模型把流体相视为连续介质，求解欧拉坐标系下的N-S方程；把固相颗粒相视为离散介质，在拉格朗日坐标系下求解其运动方程。根据流场中离散颗粒被解析程度的不同，一般将相应的方法按复杂程度分为点源颗粒、半解析颗粒和解析颗粒三类（图8-3）。

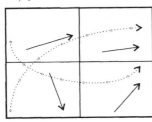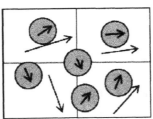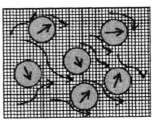

（a）点源颗粒　　　　（b）半解析颗粒　　　　（c）全解析颗粒

图8-3　流场中的颗粒分类

当流体的描述尺度大于单颗粒尺度时，往往无法辨别单颗粒的几何、运动特征，因此可将此状态下的颗粒视为半解析颗粒或点源颗粒。如图8-3（a）、图8-3（b）所示，需要提供模型来封闭流体—颗粒相相互作用。流体对颗粒的作用直接施加在单颗粒上，颗粒对流体的作用局部平均（Local Averaging）到流体计算网格内。半解析颗粒用于稠密的流固两相流，此时需要考虑颗粒的容积效应和颗粒间的碰撞，而且网格内颗粒平均容积作为显式变量需要反映到流体流动控制方程中，颗粒间的碰撞反弹规律则需要依照颗粒碰撞模型来确定。

如果流体的描述尺度小于颗粒尺度，此时颗粒的大小、形状和运动被完全分辨，该情形下的颗粒称为解析颗粒［图8-3（c）］，颗粒的运动使每一时间步的流场空间和边界都在发生变化。对这类问题或许可以运用动网格技术，利用网格重构、网格变形等手段来调整每一步的网格以适应运动的相界面。动网格方法可能会在每一个时间步进行网格重构，这就会加大计算量，且新旧网格的交替会出现数值不稳定状况。所幸实际流体机械中所输送的颗粒尺度一般在半解析颗粒范围内，因此现有文献中尚未看到运用动网格技术处理"解析颗粒"的固液两相流案例。

（3）流体拟颗粒模型。流体拟颗粒模型不仅把颗粒当离散相处理，而且也把连续流体相离散成流体微团或流体"颗粒"。通过模拟流体"颗粒"与固相颗粒间的碰撞等相互作用来研究描述，再现两相流动中的一些经典现象和微观特性。但由于该模型对计算资源的巨大需求，目前的模拟还局限于一些几何较为简单的情况，如流体绕流颗粒、颗粒与流体间阻力的模拟等，对复杂几何模型的流体机械仿真计算还很不现实。

8.3.2 固液两相流泵的输送性能研究

迄今为止，国内外在计算离心泵内部固液两相流动时，常将固相颗粒看成"拟流体"处理，用双流体模型来计算这类问题。例如，在不同转速下，针对输送水、灰浆和锌尾矿固液混合介质的闭式叶轮固液两相离心泵进行实验研究，固体的浓度小于20%，可以用清水工况关系来确定泵扬程和流量关系，固体浓度变高时，固相颗粒可能会对泵的性能产生影响。有学者在 Mixture 模型的基础上，利用数值计算法研究低比转速离心泵，结果表明，离心泵的水力性能在很大程度上受固相体积分数、颗粒粒径和密度的影响，泵的扬程和效率与固体颗粒直径和体积呈反比，而颗粒密度对泵性能的影响相对较小；叶片吸力面磨损比压力面严重，蜗壳隔舌附近出现明显射流尾迹结构，且随着体积分数的增加这一现象越发明显。采用数值模拟和实验研究的方法分析固相颗粒对离心泵性能的影响规律，发现随着固相颗粒粒径和体积分数的增加，泵的扬程和效率基本呈下降趋势；但在小流量工况下，效率值略有增加，稳定工作区减小，最优工况点向小流量方向移动。还有学者在额定转速工况下，针对不同类型泥浆泵进行清水和固液两相实验，固相质量分数为50%～70%，结果表明，固相浓度的增加会降低离心泵的扬程和效率，并且会使泵的输入功率增高。

综上所述，可以归纳出以下结论：

（1）"点源颗粒"级别的固相颗粒可被视为"拟流体"模拟计算叶片泵的固液两相流动有较好的精度。

（2）固相颗粒尺度大到"半解析颗粒"级别后，因无法忽略其形状大小和碰撞效应等的影响，生产中常采用 DEM 离散元法结合 CFD 方法，模拟计算离心泵内非定常固液两相流动。

8.3.3 固液两相流的磨损性能研究

此处的磨损指的是固相颗粒与固体壁面接触并发生相对运动时，表面材料出现损失的现象，颗粒磨损材料壁面会降低设备的使用寿命和可靠性。碰撞磨损机理主要是通过颗粒对壁面的碰撞磨损模型来体现，此外该模型还可以预测磨损。目前关于颗粒对壁面的磨损模型种类较多，这主要是由于固相颗粒的物理属性、运动参数及磨损壁面材料属性具有多样性的特点。当前使用较多的磨损模型包括基于理论假设分析和实验研究相结合的半经验半理论模型、根据实验数据得到的经验模型。

有学者在不同浓度和流量下，对双流道泵输送不同粒径的固相颗粒进行固液两相水力性能试验研究。结果发现，介质中的固相颗粒浓度的增加会降低离心泵的扬程和效率。离心泵的周壁、隔舌及泵体口环处会发生磨损现象。有学者采用雷诺应力模型、离散相模型和 Finnie 塑形冲蚀模型，通过对固液两相流场内固相颗粒运动轨迹进行追踪，对离心泵中颗粒与过流部件表面的相互碰撞和磨损进行数值模拟。研究发现大颗粒因与叶片头部撞击而对叶片造成较大的磨损；小颗粒则是与叶片工作面后端发生撞击，因此其对叶片的冲蚀磨损较小。通过对泵流量、转速等操作运行参数、颗粒粒径形状、隔舌曲率以及蜗壳的宽度等几何参数对颗粒冲蚀磨损影响的研究发现，随着流量的增大，发现随流量增大，磨损速率曲线变得更为平缓；大蜗壳宽度的离心泵的磨损速率较小；磨损速率与转速呈正比关系。也有学者以泥浆泵为研究对象，通过对固液两相流的数值计算发现颗粒大小、形状以及液体速度等流动参数对过流部件表面的冲蚀凹坑有很大影响，并且随着颗粒直径的增大，凹坑的扭曲程度与最大应力相应增大。还有学者对脱硫泵内部固液两相流动进行数值计算，对不同直径颗粒的固相体积分数分布、速度分布及磨损特性进行研究，发现叶片和蜗壳主要发生滑动磨损，隔舌部位主要发生冲击磨损。

总之，目前多采用两相流的离散相模型（Discrete Phase Model，DPM）结合半经验半理论磨损模型或实验数据回归的磨损模型进行流体机械固相颗粒磨损的模拟工作。

固相颗粒对流体机械材料得磨损量 E_r 表示为

$$E_r = C(d_p)f(\alpha)\dot{m}_p v_p^n = E m_p \qquad (8-8)$$

式中，$\dot{m}_p$ 表示固相颗粒的质量流量；v_p 表示粒子撞击速度；$C(d_p)$ 为颗粒粒径、硬度和形状的函数。

对于式（8-8）中的 E，Finnie 提出的磨损模型为

$$E = kf(\alpha) v_p^2 \tag{8-9}$$

当 $\alpha \leqslant \alpha_{max}$ 时，有

$$f(\alpha) = \sin2\alpha - 3\sin^2\alpha \tag{8-10}$$

当 $\alpha \geqslant \alpha_{max}$ 时，有

$$f(\alpha) = \frac{\cos^2\alpha}{3} \tag{8-11}$$

其中，磨损量最大的角度表示为 α_{max}。

Tabakoff 提出的磨损模型为

$$E = k_1 f(\alpha) v_p^2 \cos^2\alpha(1 - R_T^2) + k_3 (v_p \sin\alpha)^4 \tag{8-12}$$

式中

$$f(\alpha) = (1 + k_2 k_{12} \sin\frac{90\alpha}{\alpha_{max}})^2 \tag{8-13}$$

$$R_T = 1 - k_4 v_p \sin\alpha \tag{8-14}$$

当 $\alpha \leqslant 2\alpha_{max}$ 时，$k_2 = 1.0$；当 $\alpha > 2\alpha_{max}$ 时，$k_2 = 0.0$。

流体机械的材质与经验系数有关。有学者对碳钢和铝的大量研究得出了包括碰撞速度、碰撞角度、材料的布氏硬度以及颗粒的形状等多种参数的磨损模型，这是当前使用最广泛的磨损模型之一。对于以碳钢为材质的流体机械来说，有

$$E = Af(\alpha) v_p^{1.73} B^{-0.59} \tag{8-15}$$

当 $0 \leqslant \alpha < 15°$ 时，$f(\alpha) = a\alpha^2 + b\alpha$；当 $15° \leqslant \alpha < 90°$ 时，$f(\alpha) = X\cos^2\alpha\sin\alpha + Y\sin^2\alpha + Z$。其中，$A$ 为经验系数，$A = 1.95 \times 10^{-5}$；B 为钢材的布氏硬度；$X = 3.147 \times 10^{-9}$；$Y = 3.609 \times 10^{-10}$；$Z = 2.532 \times 10^{-9}$。对于湿润表面，则有 $a = -3.84 \times 10^{-8}$；$b = 2.27 \times 10^{-8}$。

8.3.4 离心泵流固耦合理论

流固耦合是指考虑了流体与固体两个不同物理场之间的相互作用和关系，对该理论进行研究需要建立在对流体流动理论和弹性结构的振动理论各自分析的基础上，并掌握两场之间关系的表现形式，即数据的传递方式及耦合求解的策略。

8.3.4.1 流固耦合求解理论依据

根据物理特性可将流固耦合问题求解方法分为直接耦合求解和迭代耦合求解两种。离心泵耦合系统具有复杂的模型、结构变形小、流动湍流性强，同时对流固系统的广义变分原理及有限元求解格式的理论不够成熟，

因此很难使用直接耦合来解决离心泵耦合问题。相反，迭代耦合求解方法可以灵活地根据流固耦合问题的具体特点来建立流场和结构场的求解方法，还能根据流场和结构场各自的特征直接进行研究，但当耦合迭代方式不适合时会导致求解过程的不稳定和不准确。迭代耦合求解还可以继续划分为双向耦合（强耦合）和单向耦合（弱耦合）。

双向耦合方法主要是针对具有强物理耦合效应的问题，该方法同时考虑了流体对结构的影响以及结构的变形或运动对流体的反作用。在这种情况下，耦合问题的解决有赖于对结构的结算。此外，双向耦合计算可以达到二阶时间精度，因而计算过程更加稳定，能够保证耦合系统能量的守恒。单向耦合方法用于求解结构受流动影响，而结构的反馈对流动的影响可以忽略的情况。单向耦合计算快速，节省计算资源。处理流体与结构间的弱耦合问题或结构的变形只影响流体域的边界范围的问题时常采用该方法。

流固耦合求解的数据传递过程中，最需要关注耦合界面上两场间需要满足的基本条件，包括运动学条件或位移适应性，即 $d_f = d_s$，以及动力学条件或牵引力平衡条件，即 $n \cdot \tau_f = n \cdot \tau_s$。其中，$d_f$，$d_s$ 表示耦合面上流体域和固体域的移动位移矢量；τ_f，τ_s 表示流体域和固体域的应力矢量；n 表示单位法向向量。

从运动学条件可以推导出速度条件为 $v = \dot{d}_s$。如果边界两网格间发生了相对滑移，则 $n \cdot v = n \cdot \dot{d}_s$。

流体的运动条件决定了流固耦合面上的流体网格节点位置，而程序则自动地决定了流体域其他节点的位移，这些充分保证了初始的网格质量。在稳态分析中，即使流体网格节点位移在变化，网格的速度仍被认为是零，因此在流固耦合面上的流体速度为零（无滑移条件）。此外，根据动力学条件，通过对耦合面上各单元的流体牵引力进行积分得到整个耦合面的流体力，并加载到固体网格节点上，其公式为 $F(t) = \int h_d \tau_f \mathrm{d}s$。其中，$h_d$ 表示固体虚拟位移量。

8.3.4.2 DEM-CFD 耦合

DEM-CFD 耦合本质上同欧拉—拉格朗日方法，但它使用的是离散单元法来处理颗粒相。

1. 离散单元（DEM）

Cundall 在 1971 年首次提出了离散元法（Discrete Element Method，DEM），该法是一种模拟颗粒群体力学行为的数值法，最初应用于岩土力学研究，现已扩展到与颗粒系统有关的各个领域。离散元法的基本思想是把颗粒相看作有限个离散单元的组合，通过使用动态松弛法、牛顿第二定律和时间步迭代方法计算得到每个刚性元素的位移、速度和加速度，从而得到整个颗粒群体的运动状态。单个颗粒的线性运动和转动由以下方程给出

$$F = m\ddot{r} \tag{8-16}$$

$$M = J\dot{w} \tag{8-17}$$

式中，m 表示颗粒的质量，J 表示颗粒的转动惯量。对球状颗粒来说，有 $J = \dfrac{2}{5}mR^2$，R 表示颗粒半径；r 表示颗粒的位移矢量，$\ddot{r}$ 和 $\dot{w}$ 分别表示颗粒的线加速度和转动角加速度；M 表示转矩；F 为当前时刻颗粒所受到的合力。

2. 单元间接触模型

接触模型是离散单元法的核心，分为硬球模型和软球模型，其主要内容分别如下：

（1）硬球模型。硬球模型（Hard Sphere Model，HSM）限制任意一个颗粒在任意时刻最多只能与其他颗粒中的一个发生碰撞。碰撞时不考虑颗粒之间的接触力和颗粒接触时出现的变形，颗粒的碰撞被认为是在瞬间完成，碰撞后的速度、角速度由碰撞前的速度、角速度和颗粒的恢复系数等参数直接由动量守恒定律确定。因此硬球模型仅适用于稀疏的、高速运动的颗粒系统。

（2）软球模型。软球模型（Soft Sphere Model，SSM）也称为离散单元法。软球模型可考虑碰撞产生的轻微形变，颗粒的运动是由牛顿第二定律和颗粒间的应力—应变定律来描述的，该模型允许颗粒的碰撞持续一定的时间，并可求解碰撞力随时间的变化，允许同时有多个颗粒的碰撞。因此软球模型适用于稀疏到稠密、准静态到高速颗粒流动等多种场合。DEM 中的接触力学模型有以下几种：

1）Hertz-Mindlin 无滑动接触模型。两颗粒相互接触时，颗粒接触表面分子及原子间的作用力（如范德华力）会对颗粒受力产生影响，称为颗粒间的粘连作用。无滑动接触模型一般用于忽略颗粒间粘连力的状况。

图 8-4 给出了颗粒接触受力示意图。假设两个球形颗粒发生碰撞接触，其法向重叠量 δ_n 为

$$\delta_n = R_1 + R_2 - |r_2 - r_1| \tag{8-18}$$

式中，R_1 和 R_2 是两个球形颗粒的半径；r_1 和 r_2 是球心位移矢量。

颗粒间的法向接触力 F_n 计算公式为

$$F_n = \frac{2}{3}S_n\delta_n \tag{8-19}$$

式中，S_n 是法向刚度，表示为

$$S_n = 2E^* \sqrt{R^* \delta_n} \qquad (8-20)$$

E^* 是有效弹性模量，R^* 是有效颗粒半径。它们的表达式分别为

$$E^* = \left(\frac{1 - v_1^2}{E_1} + \frac{1 - v_2^2}{E_2} \right)^{-1} \qquad (8-21)$$

$$R^* = \left(\frac{1}{R_1} + \frac{1}{R_2} \right)^{-1} \qquad (8-22)$$

式中，E_1 和 E_2 分别是两颗粒的弹性模量；v_1 和 v_2 分别为两颗粒的泊松比。

颗粒间切向接触力 F_t 的计算式为

$$F_t = S_t \delta_t \qquad (8-23)$$

式中，δ_t 是切向重叠量；S_t 是切向刚度，用公式表示为

$$S_t = 8G^* \sqrt{\delta_n R^*} \qquad (8-24)$$

G^* 是等效剪切模量，表示为

$$G^* = \left(\frac{1 - v_1^2}{G_1} + \frac{1 - v_2^2}{G_2} \right)^{-1} \qquad (8-25)$$

式中，G_1 和 G_2 分别是两颗粒的剪切模量。

2）Hertz-Mindlin 黏连接触模型。若模拟对象弹性模量较小且不是松散体，此时需要添加颗粒间的黏结作用，使颗粒群通过黏连作用成为一个整体，黏连力同时影响颗粒间的法向和切向力。设两颗粒在某时刻 t_a 黏连，t_a 之前两颗粒的接触模型为 Hertz-Mindlin 无滑动接触模型，t_a 时刻之后，产生法向黏连力 $F_n{}'$ 和切向黏连力 $F_t{}'$，且 $F_n{}'$ 和 $F_t{}'$ 随着仿真时步的增加而增加，增量 $\Delta F_n{}'$ 和 $\Delta F_t{}'$ 由下式表示

$$\Delta F_n{}' = v_n S_n A \Delta t \qquad (8-26)$$

$$\Delta F_t{}' = v_t S_t A \Delta t \qquad (8-27)$$

式中，A 为接触区域面积；Δt 为仿真时间步长；v_n 为颗粒法向速度；v_t 为颗粒切向速度；其他符号定义与前面一致。

当 $F_n{}'$ 和 $F_t{}'$ 超过模型中设定的阈值后，颗粒间黏连作用破坏，黏连力消失。该模型适用于岩石及混凝土结构的仿真模拟。

3）线弹性接触模型。此模型通过并联的线性弹簧和阻尼器模拟颗粒间的法向接触力，计算公式为

$$F_n = k\delta_n + c\dot{\delta}_n \qquad (8-28)$$

式中，δ_n 表示法向重叠量，$\dot{\delta}_n$ 表示颗粒法向碰撞速度。k 表示弹簧的刚度

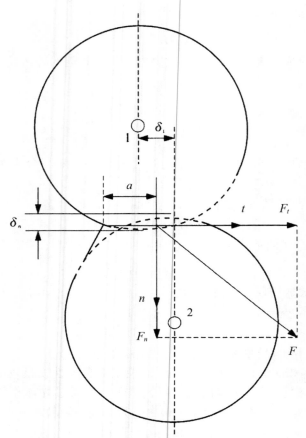

图 8-4　颗粒接触受力示意图

系数，c 表示阻尼器的阻尼系数，分别表示为

$$k = \frac{16}{15}\sqrt{R^*}\,E^*\left(\frac{15m^*v^2}{16R^{*\frac{1}{2}}E^*}\right) \qquad (8-29)$$

$$c = \sqrt{\frac{4m^*k}{1+\left(\dfrac{\pi}{\ln e}\right)^2}} \qquad (8-30)$$

式中，m^* 表示等效质量，用公式表示为

$$m^* = \left(\frac{1}{m_1}+\frac{1}{m_2}\right)^{-1} \qquad (8-31)$$

式中，m_1 和 m_2 表示两颗粒的质量；e 表示碰撞恢复系数；E^* 和 R^* 分别代表式（8-21）和式（8-22）定义的等效弹性模量和等效例子半径。

4）线性黏连接触模型。线性黏连模型是在 Hertz-Mindlin 接触模型的基础上，通过人为附加颗粒法向力和切向力来模拟颗粒间的黏连作用，用公式表示为

$$F_n = k_n A \qquad (8-32)$$
$$F_t = k_t A \qquad (8-33)$$

式中，F_n 和 F_t 分别是颗粒所受法向力和切向黏连力；k_n 和 k_t 分别是法向和切向黏连能量密度。

3. EDEM-Fluent 软件耦合

CFD 和 DEM 方法因存在局限性而无法单独准确地模拟复杂的固液两相流动。CFD-DEM 耦合方法则将两种方法结合起来，在描述颗粒运动及其流场的相互影响方面存在更高的准确性。

EDEM 软件是基于离散元法由英国 DEM-Solutions 公司开发的 CAE 软件，也是第一个与 CFD 软件（Fluent）实现耦合的 DEM 软件，目前已成为颗粒系统主要的分析计算工具，在工业中粉末加工、农业中物料清选、水流携带沙粒、沙尘暴以及颗粒沉降等工程和自然领域研究有广泛的应用。

（1）时间步长的匹配。在 EDEM 和 Fluent 计算中都需要涉及时间步长，具体在 EDEM-Fluent 耦合计算时，需要满足的要求有：Fluent 的时间步长应能保证流体计算的迭代收敛；EDEM 的时间步长要满足瑞利时间步长的设定标准式，且不能大于 Fluent 的时间步长；Fluent 的时间步长应是 EDEM 的整数倍。

（2）耦合流程。图 8-5 为 EDEM-Fluent 耦合的求解过程。在一个时间步内，先在 Fluent 中进行流场计算，求解非稳态雷诺平均 N-S 方程及湍流模型直到迭代收敛，然后启动 EDEM 开始当前时间步的颗粒计算，并获取 Fluent 中的流场数据用以计算流体与颗粒间的相互作用力，根据牛顿动力学方程给颗粒定位。当以上步骤在 EDEM 中完成后，需要将固液两相间作用力反馈回 Fluent 中，开始下一个时间步的迭代。

图 8-5　EDEM-Fluent 耦合求解过程

4. 实例分析

通常情况下，人们在进行固液两相数值模拟时，将固体颗粒当成拟流体，按"双流体"模型进行计算。这种方法从本质上将固相颗粒离散结构的真实性削弱了，忽视了颗粒形状的大小以及相互碰撞等特征。

下面以工程中常用的 IS 型离心泵作为研究对象，运用 DEM 离散元法结合 CFD 方法，采用 EDEM-Fluent 软件耦合，模拟计算离心泵内非稳态固液两相流动，探索泵内固相颗粒群运动规律及其对外特性的影响。案例将对计算模型和方法以及计算结果进行分析，其具体内容如下：

（1）计算模型和方法。案例中所用的计算模型和方法如下：

1）介质参数。以常温清水为连续相。根据实际经验，泵入口固相体积设置为 15%，表 8-1 和表 8-2 分别列出了泵体材料、颗粒物料以及颗粒与颗粒、泵体之间的相互影响系数。本案例设定颗粒为球形，采用 Hertz-Mindlin 无滑动接触模型模拟颗粒与颗粒、泵体之间的碰撞。

表 8-1　材料属性

材料	泊松比	剪切模量/MPa	密度/（kg/m³）	粒径/mm	泵入口体积率/%
泵体	0.30	70.0	7800		
颗粒	0.40	21.3	1500	1.0～3.0	15

表 8-2　材料的相互影响系数

相互作用	材料恢复系数	静摩擦系数	滚动摩擦系数
颗粒-颗粒	0.44	0.27	0.01
颗粒-泵体	0.50	0.15	0.01

2）流动计算域及网格划分。本案例对 IS 型离心泵进行研究，其基本参数为：流量 $Q_1 = 88.5 \text{m}^3/\text{h}$，扬程 $H = 14.5 \text{m}$，转速 $n = 1450 \text{r/m}$，叶轮进口直径 $D_0 = 125 \text{mm}$，叶轮出口直径 $D_2 = 200 \text{mm}$，出口宽度 $b_2 = 26.5 \text{mm}$，叶片数 $Z = 6$，叶片包角。入口管路、叶轮、蜗壳和出口管路组成了流场计算域。应用 Pro/E 构造流体计算域的三维模型，导入 ICEM 软件中进行计算网格划分，得到如图 8-6 所示的六面体结构网格单元，网格单元总数为 1019538。水泵非定常的计算采用滑移网格法，设置入口段、泵体与叶轮的交界面为滑移界面，叶轮计算域设在旋转坐标系，其余计算域设在静止坐标系。重力加速度为 9.81 m/s^2，重力方向与泵进口来流方向相反。

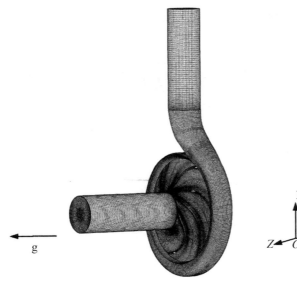

图 8-6   计算域网格单元

3）非稳态计算方法。在非稳态计算中，假设叶轮转速恒定为常数（$n = 1450\text{r/min}$）。初始状态（$t = 0$）下泵内流体为静止，计算开始后固相颗粒按体积率 $\alpha = 15\%$ 从泵入口恒定释放，粒径 d_p 在 $1.0 \sim 3.0\text{mm}$ 范围内随机变化。流体进口边界条件按工况流量值给定，出口边界条件按压力值给定。设置流体计算时间步长 $\Delta t = 60/65nZ$，相当于小于叶轮旋转 $1°$ 的时间步长。此外，EDEM-Fluent 耦合计算中颗粒计算时间步长与流体计算时间步长的选取要符合前文中要求的匹配关系。通过监测计算域固相颗粒总体积和水泵扬程 H 的谐波稳定程度判断非稳态计算是否结束。

（2）计算结果及分析。采用此方法进行模拟可得到以下结果：

1）固液两相泵特性随时间的变化。通过 Fluent 后处理可以得到图 8-7 所示的固液两相泵及清水泵扬程 H 随时间 t 的变化曲线对比，两泵的液相流量相同（$Q_1 = 88.5 \text{ m}^3/\text{h}$）。从图中可以看出，经过 $3T$（T 为叶轮旋转周期，$T = 0.0414\text{s}$）后，出现谐波变化，流动开始正常化。在 $1T$ 内，H 出现 6 次峰值，与叶轮的叶片数相对应。固液泵 H 值随 t 的脉动幅度比清水泵大，H 时均值却较低。图 8-8 是通过 EDEM 后处理得到的离心泵计算域内固相颗粒无量纲体积 $V'_p = \dfrac{V_p}{V_1 + V_p}$ 随时间的变化曲线，V_p 和 V_1 分别是固体和液体在泵内的体积。由图 8-8 可见，从初始状态 $t = 0$ 到约 $t = 0.3\text{s}$ 期间，随着时间的延长，进入泵内的固相颗粒体积 V_p 呈单调递增趋势，表明这段时间内进入泵内的颗粒比排出泵外的固相颗粒要多。此后，进出泵的固相颗粒达到平衡，达到稳定状态。

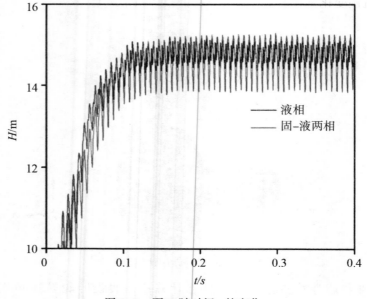

图 8-7　泵 H 随时间 t 的变化

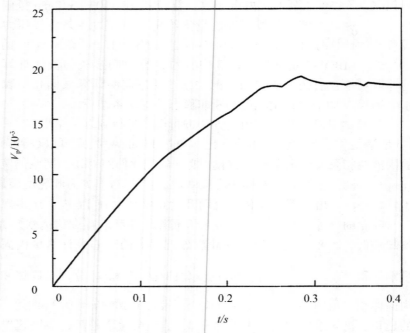

图 8-8　泵内颗粒体积 V_p 随时间 t 的变化

2）固相颗粒群轨迹。图 8-9 为耦合计算得到的离心泵内固相颗粒群随时间的轨迹变化。对照图 8-9 的颗粒体积曲线，图 8-9（a）、图 8-9（e）对应的是泵内颗粒量增加阶段，图 8-9（f）对应的是泵内颗粒稳定状态。图 8-9（a）表明颗粒在泵叶轮进水段呈均匀分布，图 8-9（b）表明进入叶轮后颗粒大体上沿着叶轮叶片工作面甩向蜗壳。从图 8-9（c）可以看出，进入蜗壳后，少数颗粒直接从隔舌"短路"进入蜗壳出口，靠近蜗壳出口的叶轮叶片甩出的固相颗粒也以螺旋状整齐地排出泵外，但绝大部分颗粒还是逐渐形成主流沿着蜗壳外侧壁面向下游排出泵外［图 8-9（d）］。重力的作用使得蜗壳外壁面聚集的固相颗粒群偏向重力方向一侧。

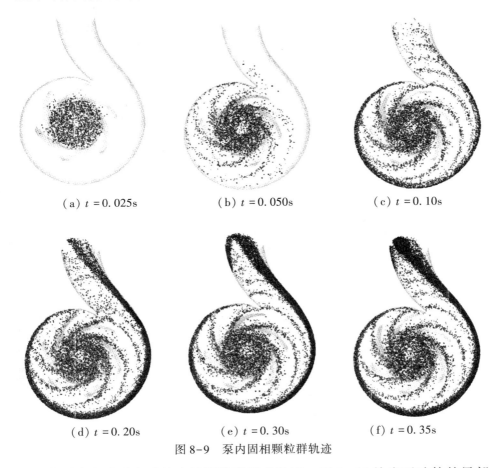

（a）$t = 0.025\text{s}$ （b）$t = 0.050\text{s}$ （c）$t = 0.10\text{s}$

（d）$t = 0.20\text{s}$ （e）$t = 0.30\text{s}$ （f）$t = 0.35\text{s}$

图 8-9　泵内固相颗粒群轨迹

为更清晰地观察叶轮内的颗粒群运动轨迹，图 8-10 给出了叶轮的局部放大效果，其中暖色颗粒代表有较大粒径，冷色代表较小的粒径。由图 8-10 可见，叶轮叶片头部无论是工作面还是背面附近都聚集有固相颗粒，随后叶片背面侧的颗粒很快脱离背面靠向邻近的叶片工作面，使得颗粒总体上聚集在叶片工作面一侧，这个结果与相似离心泵的实测结论一致。固相颗粒在 $\frac{1}{3}$ 叶片长度的位置时开始脱离叶片工作面，但其仍保持与叶片相同的形状而向下游运动。由于本计算采用了较高的泵入口颗粒浓度，颗粒之间的相互作用比较频繁，因此从图 8-10 中很难看出不同粒径颗粒的轨迹差异。

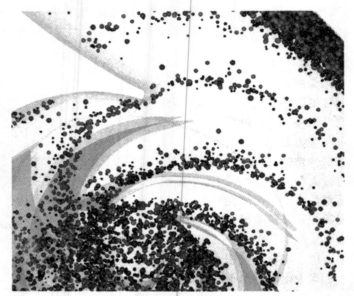

图 8-10　叶轮内固相颗粒的运动轨迹

3）固液两相流速场。图 8-11 是软件后处理得到的水泵计算域内固相和液相的体积平均速度随时间的变化曲线。由此可见，当两相流动趋于稳定后，液相平均速度约为 5.7m/s，而固相的平均速度约为 4.7m/s，即两相之间存在明显的整体滑移速度。

图 8-12 给出了不同时刻下泵内液相流速场（左侧）和固体颗粒相速度场（右侧）的对比情况。由此可见，对于图中各个时刻下的液相流速场都比较相似。这是由于在 $t = 0.025$s 之后，水泵的液相流场已趋近稳定，其平均速度已接近稳定值（图 8-11）。由于叶轮的旋转，最高液相流速在叶轮出口附近出现（约为 16.4m/s）。固相颗粒在叶轮入口的速度较低（约为 2m/s）。经过叶轮加速后，固相颗粒在叶轮出口速度达到了约 10m/s。根据图 8-11 的信息，$t = 0.08$s 后泵内固相的体积平均速度趋近稳定值，因此 $t = 0.10$s 和 $t = 0.30$s 时刻下的固相速度场显得比较相似。固液两相的最大

速度差出现在叶轮进口附近，但蜗壳内两相速度差不是很明显，这是由于在蜗壳过流截面积增大，使得液相速度能大大降低并转化为压力能，而作为分散相的固体颗粒仍继续保持从叶轮出来的惯性。

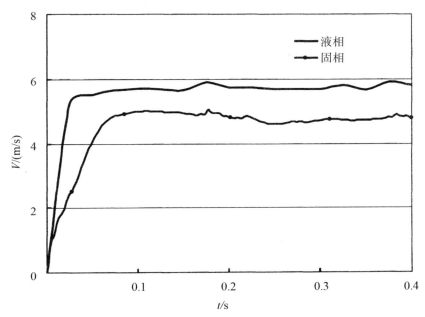

图 8-11　固相和液相的体积平均速度随时间的变化曲线

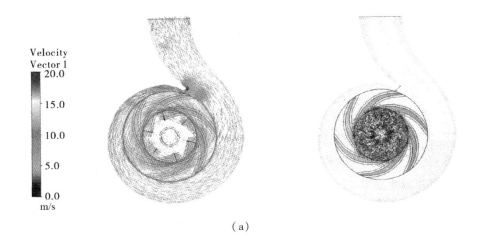

（a）

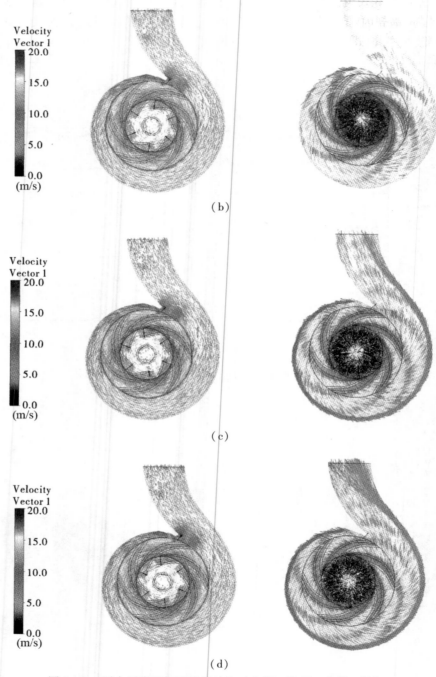

图 8-12　泵内固液两相流速场对比（左侧：液相；右侧：固相）

4）固相体积率分布。图 8-13 为耦合计算得到的稳定状态下（t = 0.35s）蜗壳内颗粒体积率仪分布云图。对照图 8-9（f）可以看出，即使稳定状态下固体颗粒群聚集在蜗壳外侧，但颗粒间隙的存在使得颗粒体积率最高值 α_{max} 在 0.5 左右，与"拟流体"的双流体模型计算结果（α_{max} 一般都比较高）相比，这个结果比较客观地反映了颗粒具有大小和形状的特征。

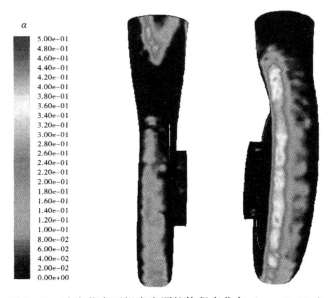

图 8-13　稳定状态下蜗壳内颗粒体积率分布（t = 0.35s）

第9章 离心泵的维护与评价

离心泵要正确使用才能使离心泵正常运转，对出现故障的离心泵应进行及时维修才能够保证离心泵的良好状态以及延长其寿命。

9.1 离心泵的使用及故障分析

在使用离心泵前需要对其进行仔细检查，做好灌水和暖泵工作。此外，在使用离心泵时，应密切关注泵的运行情况，对出现的故障进行及时、准确的修复，确保离心泵的正常运行。

9.1.1 离心泵的使用

9.1.1.1 启泵前的准备

启动离心泵前需要进行以下准备工作：

（1）启泵前的检查。在启用离心泵前需要仔细检查离心泵，新安装的离心泵在启用前要更加注重检查过程。一般情况下，应从以下几个方面对离心泵进行检查：

1）检查泵和原动机的联轴器是否位于同一条轴线上并且检查两联轴器之间的间隙。

2）用手盘车并转动，检查相关部件是否均匀灵活，是否存在偏沉或摩擦现象。

3）检查是否有妨碍运转的东西存在于泵和原动机的周围。

4）检查轴承中的油量并对油的质量进行检查。

5）检查是否拧紧了地脚螺栓及其他螺栓。

6）检查原动机尤其是新安装的离心泵的原动机是否按泵要求的旋转方向进行运转。在实际操作中，可将联轴器脱开，点动原动机来查看联轴器的旋转方向。一般泵上有转向牌，如无转向牌，对蜗壳式泵，则可以从外形判别，即转动方向应是以壳小的向大的方向转动。如果看叶轮的叶片，即是叶片转动时液体能进入流道的旋转方向。

7）打开、检查冷却冲洗管路及润滑油管路是否通畅，水压、油压是否正常。

8）检查出口阀门开启情况（离心泵应关闭状态，轴流泵应开启状态）。

9）检查电器设备。

10）检查进水池的水位及是否清洁。

（2）启动前的灌水或抽真空。一般情况下，离心泵在启动前需灌满液体或者用真空泵抽真空来启动，严禁泵内无液干启动，但自吸泵和叶轮浸在液中的泵除外。在对离心泵进行灌液时要进行充分的放气处理，且应在最高处设置放气口。

（3）暖泵。输送高温液体的离心泵要特别注意在开泵前进行暖泵处理，且暖泵时每小时的温升不应超过 50℃，每隔 5 ～ 10min 盘车半圈。

9.1.1.2 启泵

在启动离心泵时，泵和原动机周围不要站人，尤其注意联轴器周围严禁站人，高压水泵还应防止漏水伤人。在启动离心泵后要迅速地将离心泵的出口闸阀打开，使其达到额定压力或流量（关阀运转不得超过 3min），并密切注意泵的运转情况，如发现异常要赶快停泵检查原因，排除故障后再开。

9.1.1.3 启泵后的注意事项

在启动离心泵后要密切关注离心泵的运行情况，注意以下几个方面：

（1）检查各仪表是否在正常范围内，尤其要先检查电流表，不能超过电机的额定电流，电流过小也属于不正常。另外还要检查流量计、压力表、油压和油温等。

（2）检查轴封泄漏情况和发热情况，对于以填料密封的轴封要逐渐调整压盖压紧程度，对于出现发热情况的填料，应检查其串水是否正常，压盖是否压紧。新填的填料，开始泄漏量可以大一点，等磨合后逐渐压紧到泄漏量正常。

（3）检查泵和原动机的轴承温度变化情况，轴承温度一般不得超过周围温度 35 ℃，最高不得超过 75 ℃，在没有温度测量仪的情况下，可以用手来感受温度变化。

（4）检查强制润滑轴承的油温和油压。

（5）检查进出水管是否有漏气、漏水的现象。

（6）检查泵和原动机的振动和声响是否正常。

（7）检查进水池的动水位及是否有旋涡。

9.1.1.4 停泵及停泵后的注意事项

离心泵在停泵前，需要先将出口闸阀关闭，再进行停泵操作。停泵后，将冷却管路、冲洗管路、润滑管路关闭，值得注意的是，输送高温液体的泵停泵后不应立即关闭冷却、冲洗管路。停泵后，还应进行清洁工作，及时将泵体上的水渍和油渍擦干净。冬季停放在室外的离心泵应预防冻裂，一般采用排放泵内存水的方法。对于长期停用的离心泵，应将泵拆开，擦干、涂油保养。

9.1.2 离心泵的故障分析

离心泵在运行过程中常见的故障及排除方法如下：

（1）离心泵不出水。泵不出水可能是因为泵内充液不足、管路或叶轮发生堵塞、吸入管路或轴封漏气，还可能是由于泵的转向不对或者叶轮发生损害。发生汽蚀或离心泵的最高扬程低于装置扬程时也会导致离心泵不能正常出水。在实际生产中，若发生离心泵不出水故障时，可针对性地采取措施，如继续向泵内充液并放气或抽真空、清理管路或叶轮、检查并消除漏气、改变泵的旋转方向、更换叶轮等。

（2）流量小。离心泵的泵规定点扬程低于装置扬程、吸入管路内窝气、泵的转速偏低或者泵内发生汽蚀时都会导致离心泵的流量变小。此外，离心泵叶轮部分堵塞、叶轮损坏或者密封环磨损过大等均会造成离心泵流量不足。在实际操作中，可以通过提高离心泵的扬程或者减小装置扬程、放气及消除吸入管内窝气或者增加吸入压力、降低泵安装高度等来针对性地改善离心泵的流量问题。

（3）离心泵不能启动。当离心泵的转子卡死或者有严重摩擦时，离心泵无法正常启动。此外，当离心泵的出口阀门没有关闭时也无法正常启动离心泵。当离心泵本身出现故障，如平衡轴向力装置失效或者轴承损害同样无法启动离心泵。在实际使用中，当出现无法启动离心泵现象时，应检查故障原因，具体问题具体分析。

（4）功率过大，电机发热。离心泵的流量过大，甚至超出使用范围时会导致电机发热。离心泵的转速过高、电压过低时也会出现同样的故障。此外，当离心机的密封环磨损过大、轴向力平衡装置失效或者调料压得过紧时也会导致离心泵电机发热。针对以上故障，可通过关小出口阀门、降低转速到额定转速、检查测量更换密封环或者更换原动机等来解决离心泵功率过大、电机发热的故障。

（5）泵振动噪声大。当离心泵的传动装置找正不良、泵与原发动机轴不在同一轴线上、离心泵或电动转子平衡不良、底座没有填实或者地脚螺栓未拧紧时均会导致离心泵产生过大的振动噪声。当离心泵轴弯曲、轴承磨损、泵发生汽蚀或者离心泵的转动部分零件没有拧紧时均会导致离心泵振动噪声增大。当离心泵出现振动噪声过大的故障问题时，应通过正确找正传动装置、检查填实、拧紧地脚螺栓、校直或更换泵轴、增加吸入压力或降低泵的安装高度等来减缓泵的振动噪声。

（6）轴承发热。导致离心泵轴承发热的因素有多种，其中最常见的情况有安装不正确、间隙不当、轴承磨损、轴弯曲等。另外，轴承上的油况对轴承也会有一定的影响，当轴承润滑油过多或缺油、油质不良、油环不带油时均会造成轴承发热。在实际生产中，要注意轴承的安装方式，适当调整间隙，检查调正油位或者填充油脂量或者更换轴承来减少轴承发热的情况。

（7）轴封泄露。轴封泄露的故障可能是填料密封、机械密封也可能是油封的问题，各部分具体的原因如下：

1）填料密封。当填料压得不紧、填料室与轴不同心、轴或填料轴磨损太大、轴弯曲、填料安装不当均会造成轴封泄露。

2）机械密封。当机封弹簧压缩不够、摩擦付端面磨损、密封圈老化、损坏或尺寸不对时会导致轴封泄露。

3）油封。当油封老化失去弹性；弹簧弹出；轴、密封腔尺寸不符；缺油时也会造成轴封泄露。

当离心泵出现轴封泄露故障时，可通过逐渐压紧填料密封；更换填料室；检查或更换轴；正确安装填料密封等来改善填料密封情况，从而缓解轴封泄露问题。对于由于机械密封故障而导致的轴封泄露问题，可通过调整弹簧压缩、修理或更换摩擦副、更换密封圈来改善轴封泄露问题。此外，对于由于油封导致的轴封泄露故障则可通过更换油封、重装将弹簧放入槽内、改变轴、密封腔尺寸、向油封内填充黄油等来改善油封泄露故障。

（8）轴封发热或寿命短。导致离心泵轴封发热或缩短其寿命的原因包括填料密封和机械密封两个方面，其具体原因如图9-1所示。

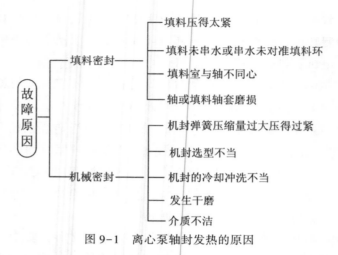

图 9-1　离心泵轴封发热的原因

　　在实际生产中，可通过适当放松填料密封、加串水或调整密封环对准串水口、更换填料室、修理或更换轴、轴套来解决填料密封故障，防止轴封发热。此外，对于机械密封故障可通过调整弹簧压缩量；按密封腔压力、温度选择合适的机封形式及材料；按密封腔温度、压力正确选择机封的冷却冲洗方法；正确选择冲洗、放气等，防止泵发生汽蚀。上述措施均可缓解轴封发热情况，延长离心泵的使用寿命。

9.2　离心泵的维护修理

　　随着国民经济的发展，人们对离心泵的安全、可靠性提出了越来越高的要求。离心泵在实际运用过程中，可能会出现各种各样的故障，从而影响生产效率。因此，离心泵的维护和检修工作是非常重要的。

9.2.1 日常维护

　　在日常生产中，对离心泵的养护包括以下几方面：
　　（1）注意泵房和泵体的清洁，及时除掉泵、原动机和其他设备上的灰尘、水渍、油渍等。
　　（2）注意对泵及原动机轴承油位、油压、油质和温度等的观察，做到及时补充和更换润滑油；新安装的轴承在运行 100h 后就要更换一次油，之后还应保持每运转 1000～2000h 更换一次油的频率；此外，泵应选用遇水不易乳化的钙基油脂，而电机则要应用耐高温的钠基油脂。
　　（3）轴封的泄露和发热情况危害较重，要经常注意轴封情况，轴封有填料时，正常情况下，水是以滴状泄露，若以串状泄露，则需加满压紧填料，如无泄漏，填料会发热也是不正常的，应松一点填料，新填料可允许泄漏大一点，磨合后逐渐压紧填料到正常情况；机械密封的正常泄露范围不应超过 5mL/h（每分钟 3～5 滴），新安装的泵机封泄露稍大，磨合后应逐渐减少，若磨合后没有明显减少，则应排查修理。

（4）经常注意流量计、压力表、电流表等仪表工作情况，若发现异常则应及时排查原因并进行维修。

（5）要注意泵组的声响振动情况，发现异常要检查原因排除。

（6）经常检查各部分的螺栓是否松动，尤其是地脚螺栓。

（7）经常注意进水池水位，经常清理进水池。

9.2.2 定期检修

离心泵的正常运行离不开对泵的检修，在检修过程中发现问题并及时地修理，既能保证泵体的正常运行，又能降低维修成本。若故障状态下持续运行可能会导致更严重、更多的故障发生。如不及时修理出现故障的轴承、密封环、平衡盘而继续运行离心泵时将会磨损叶轮、轴、泵体等，甚至可能会毁坏整台离心泵，烧毁电机。因此，一年一次的定期检修是非常重要的，具体的检修内容如下：

（1）清洗离心泵内部，进行除锈、除污工作。

（2）检查密封环、轴套、导叶套、平衡盘、平衡板、平衡套等较易受损的部件，及时修理或更换磨损部件。

（3）检查轴承。检查滚动轴承的游隙，判断其转动声响是否正常；检查滑动轴承的轴瓦与轴的间隙及轴瓦表面是否存在沟槽。

（4）检查轴封。检查填料轴封是否磨损老化、填料轴套表面是否磨损，及时修理或更换；检查机械密封的动、静环表面是否有磨坏，O 形圈有没有老化变形，弹簧有没有变形损坏，及时更换出现问题的部件。

（5）检查叶轮、导叶是否出现锈蚀、磨损或缺损，及时清洗、除锈并重新刷漆，及时更换损坏部件。

（6）检查泵轴是否弯曲、磨损、螺扣是否损坏，及时修理、矫正和更换出现故障的泵轴。

9.2.3 停用保养

对于长期不用的离心泵，应打开泵体进行清理、除锈工作，并在加工面上涂油，重新装配，妥善保管，防止杂物进入。

9.2.4 零件修理

离心泵的零部件修理工作具体如下：

（1）密封环。对于出现磨损或已磨成沟槽的密封环，可在车床上修平叶轮，更换泵体密封环，其尺寸与叶轮密封环配制。对于磨损严重的密封环则应及时更换。

（2）轴套。填料处的轴套若只磨出沟槽，可在车床上将其修平，对于磨损较严重的轴套，则应及时更换。其他轴套出现磨损则需进行更换。

（3）平衡盘、平衡板（环）。对于仅出现沟槽的平衡盘、平衡板只需将其在车床或平面上加工磨平即可，然后在平衡板后面用纸垫或石棉垫或薄铜片垫出。

（4）轴承。受损的滚动轴承一般不能修理，通常只能按同型号进行更换，损磨不严重的混动轴承可进行刮研修复，损磨严重的轴承则需更换或重新挂巴氏合金修复。

（5）轴。如果泵轴弯曲，可用百分表打跳动，用压力机矫直。如果是螺纹碰坏后可用三角锉扶起修复，如果损坏严重，修复困难时需更换。

（6）叶轮。对于损坏的铸铁叶轮只能更换，而钢轮适当焊补后仍可使用。但要注意修理后必须重做静平衡或动平衡。

9.3 离心泵试验及测量与评价

迄今为止，数学方法尚不能精准地推算出离心泵的性能及性能曲线，离心泵的性能需要通过泵的试验来确定。新设计出来的离心泵需要在实验室中通过试验来检测其性能，并根据试验结果得出性能曲线，以此来评估离心泵的性能。当需要时，新设计的离心泵还需进行现场测试。

9.3.1 离心泵试验采用的标准

离心泵的试验标准会随着生产技术的发展而不断变化，但目前离心泵试验标准主要包括以下几种：

（1）《回转动力泵水力性能验收试验1级和2级》（GB/T 3216—2005）。

（2）《水泵流量的测定方法》（GB/T 3214—2007）。

（3）《泵的振动测量与评价方法》（JB/T 8097—1999）。

（4）《泵的噪声测定与评价方法》（JB/T 8098—1999）。

9.3.2 离心泵试验种类与方法

离心泵的试验主要包括运行试验、性能试验、汽蚀试验、装置模型试验等。

9.3.2.1 离心泵运行试验

离心泵的运行试验包括磨合性运行试验和可靠性模拟运行试验。

（1）磨合性运行试验。磨合性运行试验要求离心泵在规定点（设计点）运行工况下，检查离心泵的振动和噪声是否达标；检查泵的轴承及轴封处的温升是否符合要求；检查轴封是否存在泄露现象；离心泵停止运行后，还应检查离心泵的密封环、轴承等是否存在泄露现象。磨合运行试验要求有一定持续运行时间后再进行检查。一般情况下，当规定工况下的泵的输入功率小于 50kW 时，其运行试验持续时间为 30min；当规定工况下的泵的输入功率为 50～100kW 时，其运行试验持续时间为 60min；当规定工况下的泵的输入功率为 100～400kW 时，其运行试验持续时间为 90min；当规定工况下的泵的输入功率为大于 400kW 时，其运行试验持续时间为 1200min。

（2）可靠性模拟运行试验。可靠性模拟试验在以用户现场使用情况为依据，在制造厂的试验台上所进行的时间较长的试验。该试验只有当工况非常特殊、试验内容不是常规试验要求、对试验介质的性质、试验温度以及压力等有特殊要求的情况下进行，试验需在供货合同或协议中进行明确的规定。

9.3.2.2 离心泵性能试验

泵的性能试验是通过试验方法测得泵的主要性能参数值，如流量 Q、扬程 H、泵的输入功率 P（轴功率）、转速 n 和通过计算得到的泵的输出功率 P_u（有效功率）和泵的效率 η 等值，以及它们之间的关系曲线 Q-H 曲线、Q-P 曲线、Q-η 曲线。泵的性能试验前，先要进行泵的磨合性试验，并进行稳定性检查。性能试验对试验液体有一定的要求，对于输送非清洁冷水液体的泵，可以用清洁冷水进行泵的性能试验。此外，在性能试验中，因试验条件有限，试验转速可能与规定的转速不一致，不过可以通过比例定律，将试验性能换算到规定转速的性能。离心泵的性能试验精度包括精密级、1 级和 2 级三种，在不同的精度要求下，离心泵的各性能参数测量的不确定容许值是不相同的。

由于离心泵在制造过程中会存在一定的偏差，因此每台离心泵产品的几何形状和尺寸可能会出现与图样不符的现象。所以，在对试验结果与保证值进行比较时，允许存在一定的容差值，一般情况下，离心泵的容差值用容差系数来表示。

此外，还需判断试验结果是否达到了供货合同或协议书中规定的保证值，对保证进行证实。一般情况下，泵保证的证实包括对泵流量、扬程保证的证实以及对离心泵效率保证的证实。

9.3.2.3 离心泵汽蚀试验

泵的汽蚀试验是通过试验方法，得到被试验泵将要发生汽蚀现象时的汽蚀余量 NPSH 值，此汽蚀余量被称为临界汽蚀余量 NPSH3（或称试验汽蚀余量）。试验时，采用逐渐降低 NPSH 值的方法进行汽蚀试验，NPSH 值下降方法包括减低液面的压力 p_0；提高安装高度 H_g；增加进口管路的阻力损失 h_{w1}；提高试验液体的温度，增加汽化压力。

汽蚀余量 NPSH 的计算公式为 $NPSH = \dfrac{p_1}{\rho g} + \dfrac{p_b}{\rho g} + \dfrac{v_1^2}{2g} - \dfrac{p_V}{\rho g}$，其中，$p_1$ 表示入口测量截面处的表压值，p_b 表示当地当时的大气压力值。NPSH 计算时，要注意在基准面上进行，图 9-2 表示了不同结构泵的 NPSH 基准面。如果进口压力测量仪表的基准不在 NPSH 的基准上测量，则应该加上位差 Z。

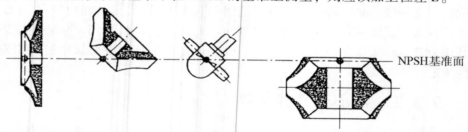

图 9-2　NPSH 基准面

汽蚀试验中所用的液体与试验精度均同性能试验，不过应注意在试验前要尽可能地排除掉自由气体。此外，试验转速应保持在规定转速的 80% ～ 120% 内。

9.3.2.4 离心泵模型试验

由于大型泵（大流量或大功率）无法进行原型泵的试验，只有将原型泵按一定比例缩小成模型泵或模型装置才能进行试验，然后再将模型泵或模型装置的试验结果通过一定公式换算成原型泵的有关数据，这就是模型试验。

离心泵的模型试验包括水力模型试验、模型泵试验以及装置模型试验，各试验具体要求如图 9-3 所示。

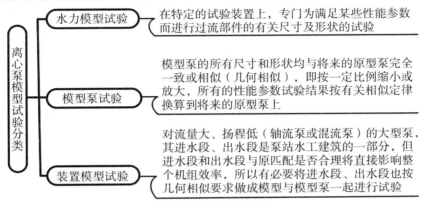

水力模型试验　在特定的试验装置上，专门为满足某些性能参数而进行过流部件的有关尺寸及形状的试验

模型泵试验　模型泵的所有尺寸和形状均与将来的原型泵完全一致或相似（几何相似），即按一定比例缩小或放大，所有的性能参数试验结果按有关相似定律换算到将来的原型泵上

装置模型试验　对流量大、扬程低（轴流泵或混流泵）的大型泵，其进水段、出水段是泵站水工建筑的一部分，但进水段和出水段与原匹配是否合理将直接影响整个机组效率，所以有必要将进水段、出水段也按几何相似要求做成模型与模型泵一起进行试验

图 9-3　离心泵模拟试验分类

在进行模型试验时，应按照一定的标准进行，即模型泵及模型装置的设计制造要符合有关要求，对试验台的设计，测试仪表应符合 GB/T—18149 的要求，不确定度的容许值要符合模型试验的要求，它比通常的试验要求高一些。

9.3.3 离心泵的试验装置

9.3.3.1 试验装置类型

1. 开式试验回路

开式试验回路在系统中水池部分与大气相通，所以称作开式试验回路或称开式池试验回路。开式试验回路包括卧式泵开式池试验回路（Ⅰ）、卧式泵开式池试验回路（Ⅱ）、立式泵开式池试验回路、沉没式泵开式池试验回路四个部分，其具体内容分别如下：

（1）卧式泵开式池试验回路（Ⅰ）。图 9-4 所示为卧式泵开式池试验回路。图中 13 表示的是水池，要求具有足够大的容量，水池的容量主要是根据试验时水的温升，水中气体的溢出及吐出对吸入流动的干扰来决定其容量。如功率为 1kW 的离心泵，其水池容量一般为 $0.5 \sim 1.0 m^3$，流量为 $1 m^3/h$ 的离心泵应该配备 $0.2 \sim 0.25 m^3$ 的水池容量，最小不得小于 $0.1 m^3$。图中的 5 表示的是流量调节阀，一般离心泵配备 2 个流量阀，在低扬程情况下，只需使用流量计后面的流量阀即可；高扬程的离心泵则需使用 2 个流量阀。位于流量阀前的阀门除了可以调节流量外，还可以增加阻力降低压力，减少流量计的承压。吸入管路的节流措施可通过入口节流阀 7 和水封节流阀 8 来实现。通过将入口节流阀 7 置于液面以下，增加节流阀处的压力，防止因节流过大而在阀处产生气泡，对试验的准确性产生一定影响。将水封节流阀 8 置于液面之上也可以实现节流的目的，值得注意的是，该水封节流阀的填料处必须要加水封装置，以防空气从填料处吸入进口管路内，影响试验正确性。吸入管路插入液中的深度要足够大：口径 $\varphi <$ 300mm 时，应大于 1.5 m，$\varphi > 300$mm 时，应大于 $2 \sim 5$m。距池底应有 $1.0 \sim 1.5$m 的距离，离池壁也应有 $0.5 \sim 1.0$m 左右的距离。测量流量的部分为图中所表示的水堰9、流量计10。大扬程大流量的离心泵选择堰来测量流量，小扬程小流量则选用流量计来统计流量。换向器11、量桶12是用于流量计标定之用，如果不作原位标定可以不用。测功计2、测速仪3、压力表4、真空计6分别为测量仪器。

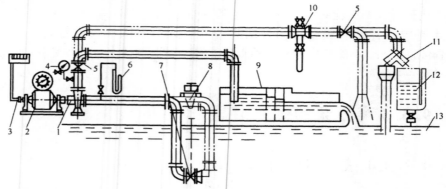

图 9-4　卧式泵开式池试验回路（Ⅰ）
1—试验泵；2—测功计；3—测速仪；4—压力表；
5—流量调节阀；6—真空计；7—入口节流阀；
8—水封节流阀；9—水堰；10—流量计；
11—换向器；12—量桶；13—水池

（2）卧式泵开式池试验回路（Ⅱ）。图 9-5 表示的是卧式开式池试验回路，这种试验装置一般用于低扬程大流量的轴流泵、混流泵的试验。

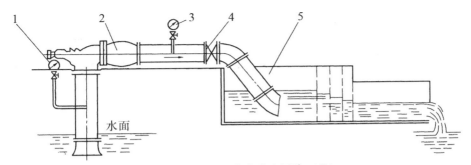

图 9-5　卧式泵开式池试验回路（Ⅱ）

1—真空表；2—试验泵；3—压力表；4—流量调节阀；5—水堰

（3）立式泵开式池试验回路。如图 9-6 所示是立式泵开式池试验回路，这种试验装置适用于立式泵的试验。

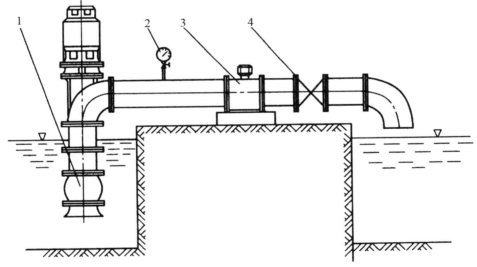

图 9-6　立式泵开式池试验回路

1—被试验泵；2—压力表；3—流量计；4—流量调节阀门

（4）沉没式泵开式池试验回路。图 9-7 表示的是沉没式泵（深井泵、潜水电泵）开式池试验回路，它适用于各种沉没式泵如深井泵、潜水电泵等的试验。

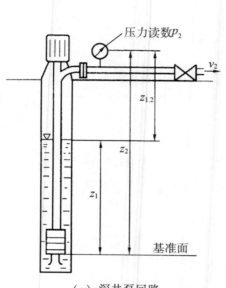

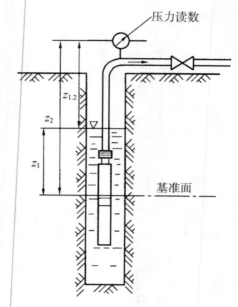

（a）深井泵回路　　　　　　（b）潜水电泵回路

图 9-7　各种沉没式泵（深井泵、潜水电泵）开式池试验回路

开式试验回路安装方便，整个测试回路和测量仪不受试验场地限制，任意性大，适应性强，各种类型的泵如卧式泵、立式泵、浸没式泵等均可以在开式试验回路上进行试验。该种回路结构简单，便于制造，造价低。但应注意的是，开式试验回路在进行汽蚀试验时，其误差较大。

2. 闭式试验回路

闭式试验回路在整个试验系统中，是一个与外界大气隔绝的封闭回路系统，所以称闭式试验回路。如图 9-8 所示为常温闭式试验回路。鉴于高温高压闭式试验回路的使用条件较为特殊，本书不对其进行论述。

设计闭式试验回路时，要注意总流量的确定与汽蚀罐的设计。水温上升对闭式试验回路容量影响较大，根据经验估算，每 1kW 功率配备 $0.5m^3$ 的容积。对于水温上升较快的回路，可通过在回路串联冷却器或在汽蚀罐中加冷却器来降温。设计汽蚀罐时可在冷却罐中加装回水隔套，保证让整个系统的液流所夹带的气体能够充分溢出。当用抽真空方法作汽蚀试验时，要求液体中的含气量保持一个规定值，所以需要加除气或充气装置。

闭式试验回路中的汽蚀试验因通过改变汽蚀罐中的压力（真空度）来改变泵入口的压力（真空度），因此泵入口流动状况较好，且无干扰，适用于 NPSH3 较小的泵的试验。但闭式试验回路安装起来较困难，且会产生较大噪声，具有复杂的结构、造价较高。

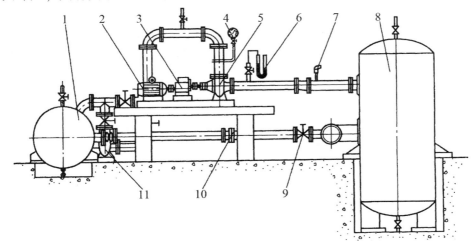

图 9-8 常温闭式试验回路

1—稳流罐；2—电动机；3—扭矩传感器；

4—压力表；5—被试泵；6—真空计；

7—温度传感器；8—汽蚀罐；

9—流量调节阀；10—流量计；11—辅助泵

9.3.3.2 试验回路设计中的要求和规定

在试验回路设计中，主要应注意泵入口吸入管的设计、测压管的设计等。

泵入口吸入管的要求主要包括：

（1）泵吸入管水平直管的口径应与泵进口同直径。

（2）泵入口水平直管段长度 L。对于精密级泵来说，$L \geqslant (1.5K + 5.5)D$；对于 1 级和 2 级来说，$L \geqslant (K+5)D$；汽蚀试验，若是采用改变入口管道阻力（调节入口阀门）的方法时，$L \geqslant 12D$。其中，D 表示的是管道内径，K 表示的是泵的型式数。

泵出口流量测量段的直径和长度一般根据所采用的流量计的具体要求来确定。对于测压管来说，其内径应与泵进出口的直径相同，测压管的长度 $L \geqslant 4D$；进口测压管的取压静压孔的位置在离泵进口法兰的上游 $2D$ 的截面处。出口测压管的取压静压孔在离泵出口法兰下游 $2D$ 截面处。对 2 级精度，如果测压管内的速度水头与扬程之比很小时，测压截面可以设在法兰处。

取压静压孔的数量：对于精密级和 1 级精度，在测压截面处开设 4 个测压孔，并用一个环形汇集管相连接，如图 9-9（a）所示。环形管的横截面的面积应不小于所有取压孔截面积的总和。取压孔与环形管之间应有单独的截流旋塞阀。对 2 级精度，在测压截面处只开设 1 个测压孔就可以了，如图 9-9（b）所示。取压孔的直径为 3～6mm，或取 0.08D（精密度）和 0.1D（1 级和 2 级），两者之间取小值，孔深大于 2.5 倍取压孔直径。此外，测压连接管的最高点处，应设置放气阀，试验时应放尽空气，连接管最好用半透明的导管，以便观察管内是否存有空气。

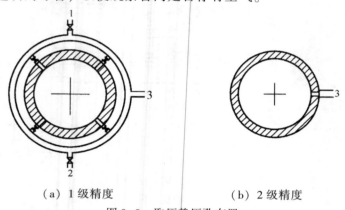

（a）1 级精度　　　　　　　　　　　（b）2 级精度

图 9-9　取压静压孔布置

1—放气；2—排液；3—通至压力测量仪表的连接管

9.3.4 测量仪表

离心泵在测试试验中的测试数据主要通过测量仪表来获得，它对整个测量数据值的正确性、真实性有着直接的影响。选择测量仪表时，应选择符合国家有关计量标准或要求，达到试验精度要求的仪表。离心泵的测量仪表包括流量测量仪表；压力或压差测量仪表；转速测量仪表；功率（转矩）测量仪表及噪声、振动、温升等测量仪表。

9.3.4.1 流量测量仪表或方法

流量测量仪表或方法可分为实验室的测量仪表和现场测量仪表两类。实验室的测量仪表和方法包括称重法、容积法、差压装置（或称节流装置）、水堰、电磁流量计、涡轮流量计。现场测量仪表和方法包括超声波流量计、速度面积法和稀释法。

称重法和容积法是在一定时间内，由一个容器收集排出的流体，然后用称重法得到流体的重量或用量桶测得流体的体积除以时间，便得到其流量值。

图 9-10 所示为差压装置，充满管道内的流体流经管道内的节流装置时，流束将在此形成局部收缩，从而使流速增加，静压力降低，于是在节流装置前后产生了压差，流量越大，压差越大，通过测量节流装置前后的压差，就可以计算出流体流量的大小。

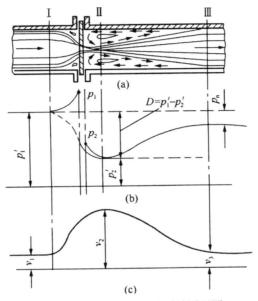

图 9-10　节流装置流量测量原理图

图 9-11 所示为堰的工作原理示意图，堰的流量测量的工作原理是基于水力学孔口出流，当液体流经"堰口"时受阻，液面在堰口前升高，液体经堰口顶部溢出，堰的水头元越高，溢出的流量就越大，所以通过测量堰的水头高度，就可以计算出流量的大小。

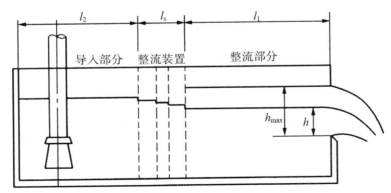

图 9-11　堰的工作原理示意图

　　电磁流量计是基于法拉第电磁感应定律，当导电流体流过两磁极之间的管道时，切割了磁场，在电极上产生了与流体流速成正比的感应电动势 E，如图 9-12 所示。

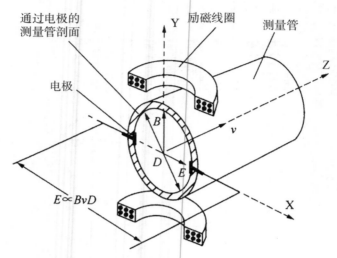

图 9-12　电磁流量计测量原理

E—感应电动势；D—测量管内径；B—磁通密度；v—平均流速

　　涡轮流量传感器的结构如图 9-13 所示。当流体流经传感器时，冲动涡轮旋转使导磁的叶片周期性地改变检测器中磁路的磁阻值，使通过感应线圈的磁通量随之变化，在感应线圈的两端感生出电脉冲信号，该电脉冲（频率厂）与流经传感器的流体的体积流量成正比。

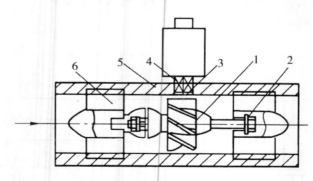

图 9-13　涡轮流量传感器

1—涡轮；2—支承；3—永久磁铁；

4—感应线圈；5—壳体；6—导流器

超声波流量计测量流量的常用方法有速度差法和多普勒法。速度差法是利用超声波在流动液体中顺流向与逆流向的传播速度差值与流体的流速成比例的关系来测量流量，故此，当测得超声波在流动液体中的传播速度差值，即可求得流体的流速，再根据管道的横截面积，即可求得流量值。多普勒法是利用声学的多普勒原理来确定流体中微粒的流动速度，进而获得流体流速，再根据管道的横截面积，即可求得流量值。

速度面积法流量测量就是分别测量出流体通过的过流截面的面积和速度，然后计算出流量。常用激光测速仪、皮托管等来测定流速，现场流量的测量一般采用这种方法。

稀释法是指在测量段的上游侧的测点处投放已知浓度的高浓度盐水，然后在下游侧提取被测流体的含盐浓度，推算出流体的流量，此方法适宜于现场特别巨大的流量测量。

9.3.4.2 压力、差压（扬程）测量方法

目前离心泵行业的泵试验中常用的压力、差压测量仪表有液柱式压力计、弹簧式压力计、压力（差压）传感器和静重压力传感计。由于本书篇幅有限，下面仅对液拉式压力计和弹簧式压力计进行了简要讨论。

（1）液柱式压力计。液柱式压力计是根据静止液体内部水静压强的原理来测量的，其工作液体可以是水银或水，常用的压力计结构包括 U 形管液柱压力计和单管压力计。液柱式压力计结构简单、使用方便、价格低，一般用来测量较低的压力，其测量精度取决于标尺分度的精度。

（2）弹簧式压力计。通常所用的弹簧式压力计为单圈弹簧的压力计，其工作原理如图 9-14 所示，弹簧管的截面为扁圆形或椭圆形，其长轴与圆面垂直，弹簧管被弯成包角约 270° 的圆弧形，管口封闭的一端为自由端，管子开口端为固定端。在引入压力的作用下，圆弧形弹簧管发生变形，使得圆弧形的弹簧管产生向外扩张变形，故而自由端产生由 B 到 B' 的位移，包角减少了 $\Delta\varphi$，根据弹性变形原理可知，包角的相对变化值 $\dfrac{\Delta\varphi}{\varphi}$ 与被测压力 p 成正比。如果带上齿轮，指计和表盘，就可指示出压力值 p。

弹簧式压力计有不同的量程和精度，应根据测量的需要进行选取。弹簧式压力计因结构简单，测量范围广，使用方便，价格低，满足使用精度，被广泛地使用于生产中。

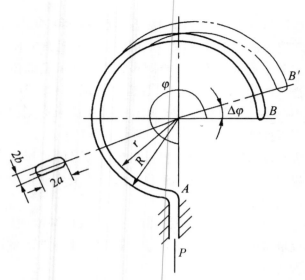

图 9-14　单圈弹簧管压力计工作原理图

9.3.4.3 转速测量仪表

常用的转速测量仪和方法有数字测速仪、闪光测频法和感应线圈法。

数字测速仪是由磁电式传感器或光电式传感器与数字频率计一起使用。磁电式传感器是利用旋转着的齿盘与磁极之间气隙磁阻的变化引起磁通的变化，从而在绕组中感应出脉冲电势的原理制成。光电式传感器分为投射式和反射式两种。

闪光测频法的原理为：在电动机轴头上标出适当数量的扇形，扇形的对数与电机极对数相同，并用交流电的荧光灯来照亮，由于异步电机存在有转差，因此扇形会徐徐逆向转动，在单位时间再记下反转次数，换算成每分钟滞后的转数 Δn，则实际转数 n 就为同步转数 n_0 减去滞后的转数 Δn，即 $n = n_0 - \Delta n = \dfrac{60}{P}(f_1 - \dfrac{N}{t})$。其中，$P$ 表示电机极对数；f_1 表示电网频率；N 表示在 t 秒时间内扇形逆向转动的个数；t 表示扇形旋转 N 个的时间，单位为 s。

感应线圈法是指在电机外壳靠近电机定子绕组端伸部位放置一只多匝线圈（如果是置于液下应密封），线圈与灵敏的直流复射式检流计连接，这时转子绕组的漏磁通在线圈中感应出电动势，致使检流计上的光点发生摆动，用秒表测取一段时间 $t(s)$ 内，光点摆动次数 N，则 $n = \dfrac{60}{P}(f_1 - \dfrac{N}{t})$。

其中，N 表示检流计指针摆动次数；t 表示测量时间，单位为 s。

9.3.4.4 功率测量方法

离心泵的功率是指泵的输入功率（轴功率）或是原动机的输入功率。离心泵的效率必须通过泵的输入效率才能计算。其测量方法包括天平测功机、矩阵式测功机和电测轴功率法。其中，天平测功机又包括交流马达天平测功机和直流马达天平测功机；矩阵式测功机包括吸收型和传递型两种，其中吸收型包括水利测功仪、电涡测功仪和磁滞测功仪，传递型测功仪包括应变测功仪、光栅测功仪、磁电相位差测功仪和光电相位差测功仪；电测轴功率法包括损耗分析法和乘电机效率法两种。

9.3.5 离心泵的振动、噪声测量与评价

9.3.5.1 振动测量与评价

目前，市场上有多种型号的测振仪器，将拾振头直接吸附到被测振的部位即可直接测定。为了保证测量仪器在所要求的频率范围和速度范围内，测量前应对整个测量范围内仪器的精度有所了解，且在测量前选择正确的振动测量仪。

离心泵的流速和转速对振动具有一定的影响，当泵在大流量或极小流量下，泵振动比较大，所以在测量评价泵的振动时，常是指在规定转速下（允许偏差不超过±5%），在规定流量和允许使用的小流量、大流量三个工况点的流量上进行测量。

每台离心泵中均有至少一处关键部位存在振动，在试验中应将这些部位选为测点，且每个测点要在三个相互垂直的方向（即水平、垂直和轴向）进行测量。

离心泵的振动评价按 JB/T 8097《泵的振动测量及评价方法》的规定来进行评价：泵的振动级别分为 A、B、C、D 四个级别，A 为优，B 为良，C 为合格，D 为不合格。

9.3.5.2 噪声测量与评价

离心泵的噪声测量准确度分为 1 级精密法、2 级工程法和 3 级简易法三种，泵的测量一般用 3 级简易法即可，必要时可采用 2 级工程法。生产中，常用声级计来对噪声进行测定。声级计的精度应符合 GB/T 3785 规定的 2 型或 2 型以上的声级计，或准确度相当的其他测试仪器，每次测量前后应

进行校准。声级计使用时，传声器应对准声源方向，当风过大时应使用风罩。

在测定离心泵的噪声时，要求除地面以外，应尽量不产生反射，倍距离声压级衰减值不小于 5dB，即离泵体 1m 与 2m 或 0.5m 与 1m 处测得的 A 声级之差应小于 5dB。如不能满足上述要求时，须注明测量场所的条件及倍距离声压级衰减值。

在测量噪声时，要注意出口节流阀和吸入、排出管路和其他设备的噪声影响，出口节流阀应离泵远些，尽量降低吸入、排出管路的噪声。此外，噪声测定应在泵规定转速（允许偏差±5%）和规定流量下进行测量。

离心泵的噪声级别分为 A、B、C、D 四个级别，其中 A 表示优，B 表示良，C 表示合格，D 表示不合格。A、B、C、D 四个级别分别用 L_A、L_B、L_C 三个限值来划分，这三个限值的计算分别为

$$L_A = 30 + 9.71g(P_u n) \tag{9-1}$$

$$L_B = 36 + 9.71g(P_u n) \tag{9-2}$$

$$L_C = 42 + 9.71g(P_u n) \tag{9-3}$$

式中，L_A、L_B、L_C 表示划分泵噪声级别的限值，单位为 dB；P_u 表示泵的输出功率，单位为 kW；n 表示泵的规定转速，单位为 r/min。

当 $\bar{L}_{PA} \leqslant L_A$ 时，离心泵的噪声评价为 A 级；当 $L_A < \bar{L}_{PA} \leqslant L_B$，离心泵的噪声评价为 B 级；当 $L_B < \bar{L}_{PA} \leqslant L_C$ 时，离心泵的噪声评价为 C 级；当 $\bar{L}_{PA} > L_C$ 时，离心泵的噪声评价为 D 级。

参考文献

［1］ 刘鹤年，刘京. 流体力学［M］. 3 版. 北京：中国建筑工业出版社，2016.

［2］ 蒋祖星. 热工与流体力学基础［M］. 北京：机械工业出版社，2019.

［3］ 陈更林，李嘉薇，等. 流体力学与流体机械［M］. 徐州：中国矿业大学出版社，2019.

［4］ 孟凡英，薛华. 流体力学与流体机械［M］. 北京：煤炭工业出版社，2019.

［5］ 张景松. 流体力学与流体机械［M］. 徐州：中国矿业大学出版社，2018.

［6］ 崔丽琴. 流体力学与流体机械［M］. 北京：煤炭工业出版社，2017.

［7］ 王贞涛. 流体力学与流体机械［M］. 北京：机械工业出版社，2019.

［8］ 王勇. 离心泵空化理论与技术［M］. 北京：科学出版社，2019.

［9］ 司乔瑞，袁建平，等. 离心泵数值模拟实用技术［M］. 镇江：江苏大学出版社，2018.

［10］ 牟介刚，谷云庆. 离心泵设计通用技术［M］. 北京：机械工业出版社，2018.

［11］ 张玉良，朱祖超，等. 离心泵非稳定工况流动特性［M］. 北京：机械工业出版社，2017.

［12］ 张人会. 离心泵的现代优化理论及方法［M］. 北京：中国水利水电出版社，2017.

［13］ 袁寿其. 离心泵内部流动与运行节能［M］. 北京：科学出版社，2016.

［14］ 张师帅. CFD 技术原理与应用［M］. 武汉：华中科技大学出版社，2016.

［15］ 杨雨松. 泵维护与检修［M］. 北京：化学工业出版社，2014.

［16］ 梁孟. 试论流体机械中 CFD 技术的应用进展与趋势［J］. 建材与装饰，2018（51）：196.

［17］ 万丽佳，宋文武. 叶片包角对低比转速离心泵固液两相非定常流动的影响［J］. 热能动力工程，2019（07）：37-44.

［18］ 刘冬梅，孙辉，等. 半高导叶对离心泵径向力影响数值模拟研究［J］. 振动与冲击，2019（10）：15-22.

［19］李润林，姚艳敏，等.输油离心泵的故障分析及处理［J］.化工管理，2019（15）：296-300.

［20］郑旭东.高速离心泵检修与维护［J］.石油化工设备技术，2019（03）：16-20.

［21］李红军.离心泵工艺设计尺寸研究［J］.建筑机械，2019（05）：90-91.

［22］董敏，杨浩.离心泵多目标优化设计及数值模拟研究［J］.中国农村水利水电，2019（04）：154-157.

［23］纪炜，徐神海，等.离心泵多工况水力性能优化设计方法［J］.科技经济导刊，2019（01）：72.

［24］杨立.排水离心泵的设计［J］.山西电子技术，2018（06）：49-52.

［25］付志远.基于结构化网格的离心泵数值仿真研究［J］.人民珠江，2018（11）：123-127.

［26］李光曼，张鹏，等.叶片数对离心泵性能影响的数值模拟研究［J］.设备管理与维修，2019（07）：53-54.

［27］陈淘利.叶轮背叶片对离心泵轴向力特性影响的研究［D］.兰州：兰州理工大学硕士毕业论文，2018.

［28］王晨.离心泵内动态失速涡的数值模拟及其特性研究［D］.西安：西安理工大学硕士毕业论文，2018.

［29］蒋鑫.基于CFD的低比转速离心泵叶片结构优化［D］.长春：吉林大学博士毕业论文，2018.

［30］郑路路.离心泵口环间隙非定常流动机理研究［D］.杭州：浙江理工大学博士毕业论文，2018.

［31］邹志超.离心泵装置启动过程瞬态特性研究［D］.长沙：中国农业大学博士毕业论文，2018.

［32］赵雪.空化条件下离心泵轴向力特性试验及分析［D］.长沙：兰州理工大学博士毕业论文，2008.

［33］谭林伟.单叶片离心泵非定常流动特性及诱导径向力的数值模拟与实验研究［D］.镇江：江苏大学博士毕业论文，2008.

［34］王秀玲.基于固液两相流的离心泵性能研究及优化设计［D］.西安：西安理工大学硕士毕业论文，2017.

［35］佘文杰.半开式离心泵汽蚀特性及数值模拟研究［D］.北京：中国矿业大学硕士毕业论文，2017.

［36］王维军.低比转速离心泵空化流动控制的研究［D］.镇江：江苏大学博士毕业论文，2016.